翦風《せんぷう》号が空を飛んだ日

増補版

陸軍八日市飛行場前史

中島伸男

プロローグ

「鳥のように空を飛びたい」という願いは、何千年もの昔から人類が抱いてきた夢であった。

幾人もの人が自分のからだに羽根を結び付け、高い塔や城壁の上から飛行を試みたが、それらはすべて失敗に終わった。人力で羽根を動かし空を飛ぶということは、力学的にも生理学的にも不可能なことなのであった。

西暦一九〇三年（明治三六）、アメリカのライト兄弟が大西洋に臨む寒村キティホークの砂丘で世界ではじめての動力付き飛行機による飛行に成功した。

このとき第一回目の飛行は、わずかに一二秒間、距離もただの三六メートルにしかすぎなかった。

ライト兄弟の成功を契機に、各国で動力付き飛行機の研究・製作が急速にすすんだ。

一九〇九年（明治四二）には、フランス人ルイ・ブレリオがカレーからドーバーまでの英・仏海峡三八キロメートルを三六分余で飛んだ。

わが国では明治四三年（一九一〇）、ドイツとフランスでそれぞれ飛行技術を学んだ日野熊蔵《ひのくまぞう》・徳川好敏《とくがわよしとし》両大尉が、グラーデ式とアンリーファルマン式飛行機を携え帰国した。

同年一二月一四日、日野大尉が東京の代々木《よよぎ》練兵場で高さ一〇メートル、距離約六〇メートルの飛行に成功した。わが国航空史の黎明をつげる出来事であった。

陸海軍は、軍事上に果たす飛行機の役割に注目し、国策として飛行士の養成や飛行機の研究・製作を積極的にすすめた。

いっぽうそれとは別に、何人かの民間人が自分の力で飛行機をつくり、あるいは自ら飛行家になろうと志した。当時の飛行機はジェット化した現代とは異なり、ある意味では人間の手の届くところに存在したともいえる。

幾人かの青年がアメリカやヨーロッパに渡った。そこで飛行術を習得し、購入した飛行機とともに日本に帰ってきた。

彼らにより、各地で飛行会が行われ、絶大な人気を博した。飛行機が空を飛ぶ、ということだけで人々を驚かせるのには十分であった。

『日本航空史』には、ある飛行会で観衆の一人が、「その飛行機はどれくらいの重さがあるのか」と尋ね、「一〇〇貫目（三七五キログラム）くらいはある」との返事に「そんなものが空を飛ぶはずがない。人を馬鹿にするな」と怒ったが、じっさいに飛行機が空を飛んだのを見てあとで飛行士に平謝りに謝ったという話が紹介されている。

また当時の新聞に、三重県松阪で自作飛行機の研究をしていた男が財産を使い果たし、とうとう娘を芸妓に出して資金をつくりさらに製作研究をつづけたという話も掲載されている。

そのころの飛行機はたいへん危険な乗り物であった。

大正二年（一九一三）三月二八日、埼玉県所沢《ところざわ》で木村鈴四郎《きむらすずしろう》・徳田金一《とくだきんいち》両中尉が墜落死したのが、わが国航空界の最初の犠牲者である。

二か月もたたない五月四日には、今度はアメリカ帰りの民間飛行家武石浩玻《たけいしこうは》が鳴尾《なるお》競馬場（兵庫県西宮市）～大阪～京都間の連絡飛行を試みたが、深草《ふかくさ》練兵場で着陸に失敗し死亡した。

武石の墜落死は、かえって多くの飛行家志望の青年を生み出した。当時の青年にとって、空を飛ぶことはそれくらい魅力的・感動的そして英雄的な行為なのであった。

大阪～東京間連絡飛行という大計画をまえに、深草練兵場で墜落死した滋賀県愛知《えち》郡八木荘《やぎしょう》村島川《しまがわ》（現、愛荘《あいしょう》町島川）出身の荻田常三郎《おぎたつねさぶろう》も、そのような飛行機に魅せられた青年の一人であった。

彼は、家族の反対を押し切って単身フランスに渡り、飛行技術を学んできた。そして帰国後の大正三年（一九一四）一〇月二二日、フランスで購入してきた全長五メートルそこそこの布張りの小さな飛行機で、近江湖東平野の一角、神崎《かんざき》郡八日市《ようかいち》町沖野ケ原《おきのがはら》の空を飛んだ。

当時、八日市町は人口約五〇〇〇人、日露戦役後の全国的な不況にあえぐ何の変哲もない田舎町であった。八日市町金屋に住み、町議会議員を務めつつ、明治三四年（一九〇一）から昭和一〇年（一九三五）までの日記を遺した清水元治郎《しみずもとじろう》の記録（以後「清水日記」と表記）に、そのころの町の不景気のさまがつぎのように記されている。

当町商界ノ不振ハ極点ニ達セリ。昨年来不況ノ上、今夏干魃《かんばつ》ノタメニ益々不況ノ度ヲ加へ、殆《ほとん》ド言語ニ絶スルノ大不況ナリ。
盆前、市日《いちび》ノ如キモ来客皆無ニシテ、市棚未曾有ノ閑静《かんせい》ナリ。（大正二年八月一〇日付）

このような中で、荻田常三郎による翦風号飛行会の当日は、町人口の数倍に当たる三万人近い人々が八日市を目指して集まってきた。当然、町当局をはじめ多くの有力者たちは、不景気克服のための「飛行機による町起こし」をも考えたはずである。荻田常三郎のわが国航空界振興の夢と、町の人々のこのような期待とが結びついて、八日市は日本最初の民間飛行場創設へと運動を展開する。

しかし、それはまだ一度も取り組まれたことのない事業だけに、前途には幾多の障害が待ち受けていた。

このとき、飛行家・荻田常三郎を支え、彼の墜死後、自らの資産を投げ出してその遺志を継ごうとしたのが町の青年・熊木九兵衛《くまきくへい》である。

そして、当時の八日市の指導者たちや多くの町民も、飛行場創設のために悩み、道を求め、さまざまな努力を重ねていった。

翦風は「風を切る」という意味である。

ライト兄弟の初飛行より、わずかに一〇年。

澄み切った秋空に翦風号《せんぷう》が飛び立った日から、田舎町八日市には何が起こり人々はどのように行動したのだろうか。

時代の先端を進もうとした人々は、どのような歓喜と苦難に直面したのだろうか。

これまでほとんど焦点を当てられることがなかった熊木九兵衛の足跡をも明らかにしつつ、広漠たる沖野ケ原時代から陸軍航空第三大隊八日市飛行場誘致までの、八日市と飛行場をめぐるさまざまな物語を追ってみよう。

目次

本書の主な舞台となる旧八日市市周辺の地図

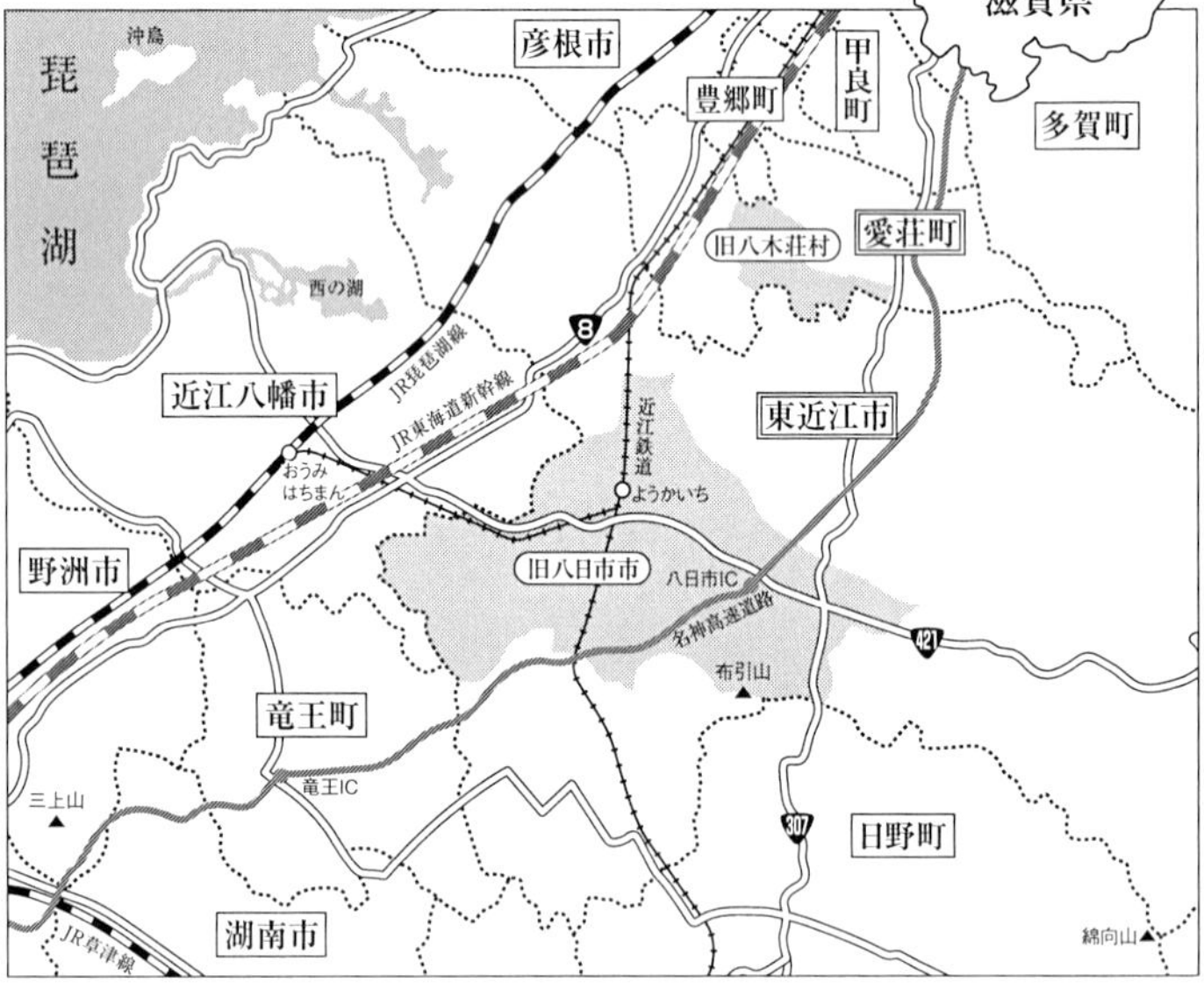

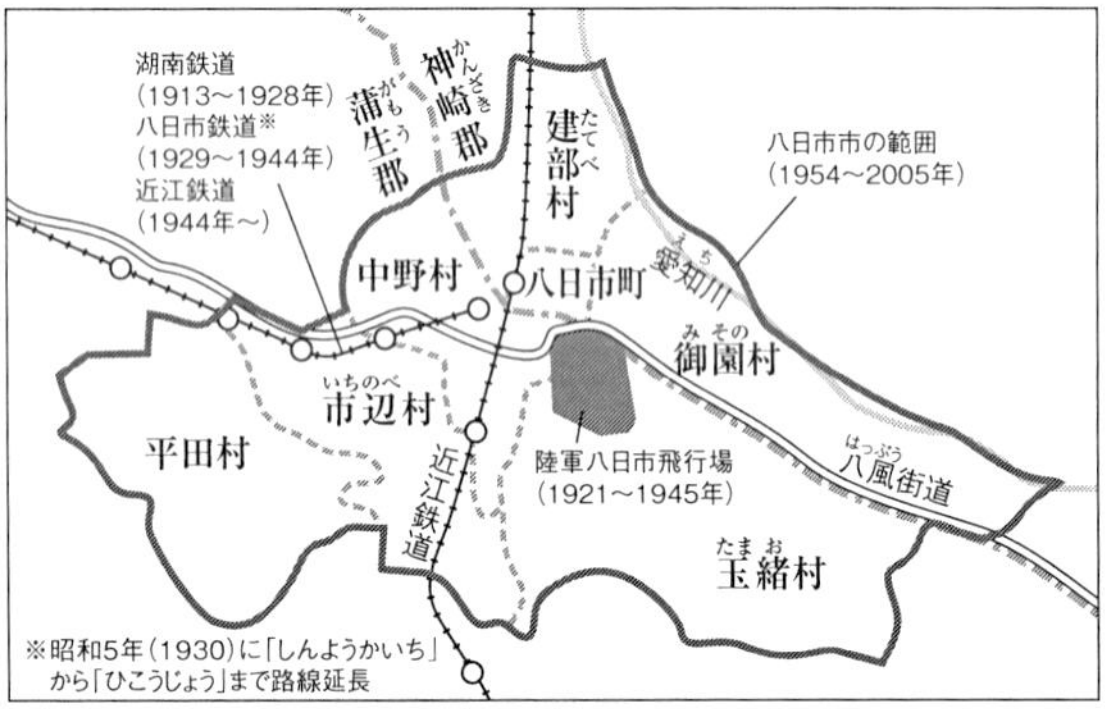

八日市市になる前の７町村　明治22年（1889）～昭和29年（1954）

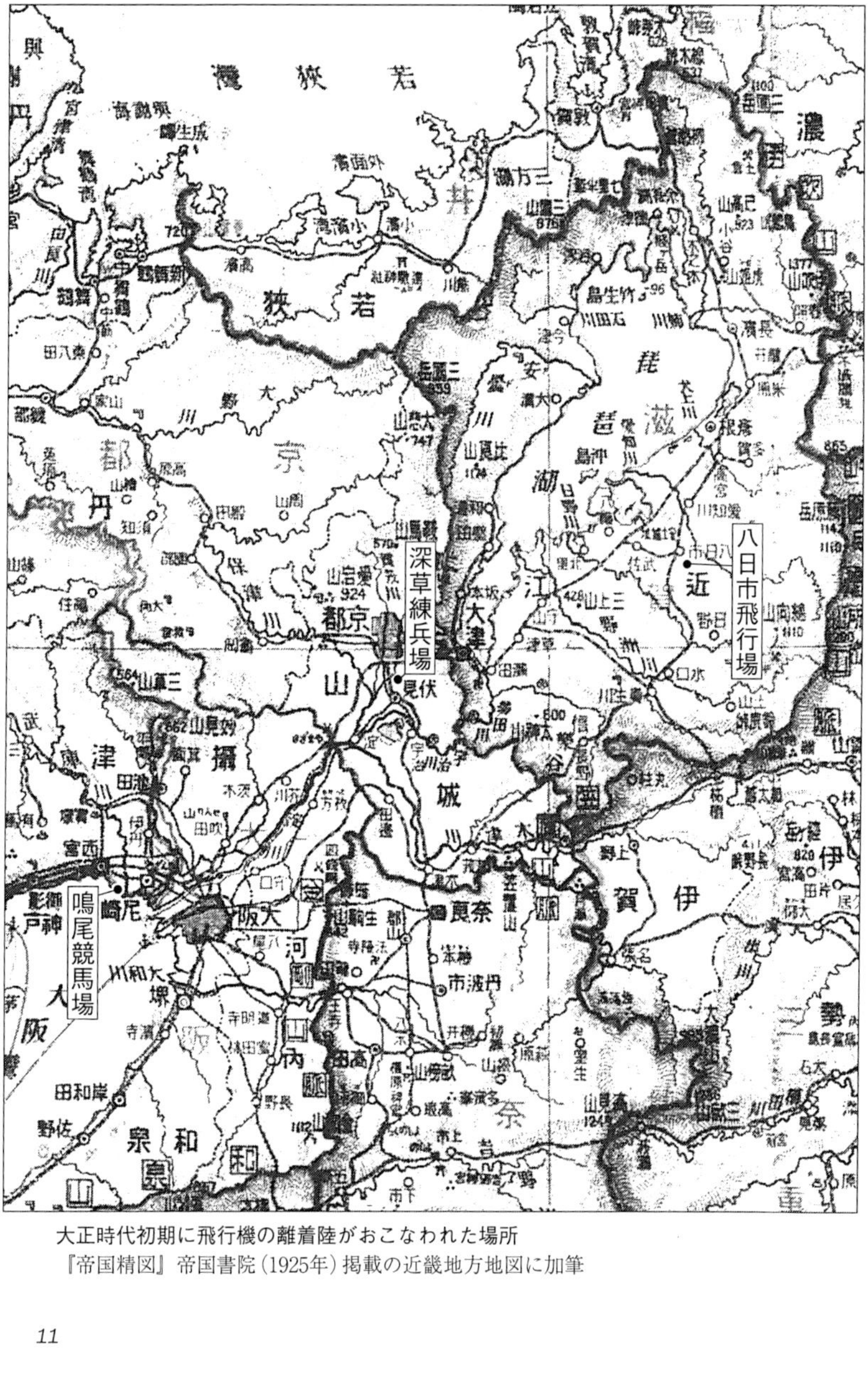

大正時代初期に飛行機の離着陸がおこなわれた場所
『帝国精図』帝国書院（1925年）掲載の近畿地方地図に加筆

凡例

一、資料中、中華民国を「支那」と記したものがあるが、そのまま引用し（中国）と注記した。

一、飛行場の名称は、「沖野ヶ原飛行場」「沖野飛行場」「八日市飛行場」など、時期と資料によってさまざまに異なっている。本文で飛行場名を表記する場合、大正四年四月一九日（飛行場地鎮祭）以前は引用資料どおりの名称を使い、地鎮祭実施以後は「八日市飛行場」の名称を使用した。

一、伊崎省三については、当時の新聞では「省三」が使われ、『日本航空史　明治大正編』では「省蔵」が使われている。本書では「省三」で統一した。

一、荻田常三郎の遺児も、新聞で「求馬」「久馬」の二通りが使われている。これは、そのときの引用資料のとおり表記した。

一、アメリカ人飛行家 Charles Niles の名の日本語表記は、当時「チャールス」であったが、引用部分を除き、現在一般的な「チャールズ」とした。

一、元八日市町議会議員、故清水元治郎氏の日記は漢字・片仮名文で書かれているが、読みやすくするため漢字・平仮名文に改めた。

一、引用資料『THE OMI MUSTARD-SEED（近江の芥種）』の和訳は、村田淳子さんのお世話になった。

一、小字名の読み（振り仮名）は、八日市市史編さん室編『資料集Ⅱ　八日市市の地名と景観』（八日市市教育委員会　一九八六年）を参考とした。

第1章

熊木九兵衛

生い立ち

「油九」こと熊木九兵衛《くまきくへい》の家のことを、世間では「さんとく」とか「ごとく」などといって羨《うらや》んだという。「さんとく」とは、三徳と書き家柄・財産・名誉の三拍子が揃っている意味である。そこへよい嫁をもち子どもにも恵まれると五徳になる。

代々、九兵衛を襲名してきた熊木家は、八日市金屋《ようかいちかなや》の大通りで油商をいとなみ「三徳」「五徳」と呼ばれるにふさわしい名うての資産家であった。

本市の長老であった山田平治《やまだへいじ》さん（明治二八年生まれ）の記憶によれば、大正初めまでの熊木家は、金屋から辻村（清水町）にかけて八十余軒の借家をもっていたという。また、沖野ケ原にも熊木家所有の山林があって、そこまで他所の土地を踏まずに行けたともいう。

このような旧家の長男として、九兵衛は明治二一年（一八八八）一月二七日に生まれた。幼名を亀之助と名付けられた。すでに姉が三人いたので、両親にとっては待望の男子出産であったにちがいない。彼は身内から「亀、亀」と呼ばれてかわいがられた。

明治四〇年（一九〇七）三月、一九歳で亀之助は県立第一中学校（明治四一年から彦根中学校。現、彦根東高校）を卒業した。

同校第一九回卒業生で、同級生にはのちにトヨタ自動車工業の社長・会長・相談役となった石田退三《いしだたいぞう》がいた。八日市町は、清水清次郎《しみずせいじろう》（町議会議員・清水元治郎《もとじろう》の弟）が同期である（大正八年版『彦根中学校同窓会名簿』）。

この年の第一中学校卒業生は、全員で四九名である。当時滋賀県では、ほかに大津の県立第二中学校（現、膳所《ぜぜ》高校）があったのみで、第一中学校には湖東・湖北全域の俊才が集まっていた。亀之助が家庭的に恵まれていたとはいえ、学業に優れ勉学に努力する少年であったことを偲ばせる。

第一中学校を卒業して、彼は一年志願兵として軍務につく。一年志願兵というのは、府県立中学校卒業生で二〇歳までの者が志願すれば、一年間陸軍に服務でき最終試験に合格すると予備役少尉に任官できる制度である。以後、彼がしばしば「熊木少尉」と呼ばれているのはこのためである。

亀之助が入隊したのは、地域的にみておそらく大津歩兵第九聯隊《れんたい》であっただろう。

明治四三年（一九一〇）四月八日、父、九兵衛が五四歳で他界した。このため、亀之助は八日後の四月一六日に九兵衛の名を継いだ。二二歳のことであった。

父、九兵衛は町の有力者であった。明治一六年に金屋村の戸長をつとめ、明治二五年から三一年まで八日市町の町議会議員を、さらに、明治三一年八月から三四年三月までは、町長の職（第四代）にもあった。明治三六年・四〇年には郡議会議員に当選している。

彼は町の有力者として町政に寄与するとともに、今日の関西電力の前身の一つである近江水力電気株式会社設立におおいに力を尽くした。

近江水力電気株式会社は明治四二年（一九〇九）一〇月に設立され、四四年三月に開業したが、熊木九兵衛は会社創立委員の一人に加わり、設立に至るまで一貫して事業推進のために尽力した。「油九」の多大の資産は、亀之助の九兵衛が飛行機と飛行場のために使い果たしたように伝えられているが、先代の九兵衛も近江水力電気のためにかなりの私財を投じていたという。

近江水力電気の経営がやや安定しはじめた大正二年（一九一三）、会社は先代・熊木九兵衛あてにつぎのような感謝状を贈っている。

感謝状

当会社創設ノ初メ障害百出、成立至難ヲ極メシトキニ当リ、創立委員トシテノ故熊木氏ノ熱誠ハ直接間接ニ会社ノ成立ヲ促進セシメタルノミナラズ、成立ノ後取締役トシテ奮励ソノ事ヲ挙ゲ、画策其ノ宜シキヲ得タルハ実ニ当会社ヲシテ今日アラシメタル所以ナリソノ中途病没セラレタルハ本社ノ深ク遺憾トスルトコロニシテ、就中本社ノカツテ悲境困《こん》憊《ぱい》ニ陥リタルトキニ際シ、毅然トシテソノ節ヲ枉《まげ》ズ、専心会社ノ成立ニ尽瘁《じんすい》セラレタル功績ハ当会社株主ノ感謝措クアタハサルトコロナリ

此ニ株主総会ノ決議ニヨリ、金五百円ヲ贈呈シ、以テ感謝ノ微意ヲ表ス

大正二年十一月

近江水力電気株式会社

故熊木九兵衛相続人

熊木九兵衛殿

（大阪府豊能《とよの》町・熊木貞雄氏所蔵）

明治44年（1911）、愛知川上流で稼働した近江水力発電の第１号発電所

同発電所の950馬力発電機（２点とも『工業之大日本』第８巻第10号より）

近江水力電気の第一号発電所は神崎《かんざき》郡山上《やまがみ》村萱尾《かやお》（現、東近江市萱尾町）にでき、明治四四年（一九一一）二月二三日に八日市町で試験点灯が行われている。先代の九兵衛が水力発電実現のため具体的にどのような努力をしたのかは分からないが、感謝状の内容からも、彼が周囲の反対を押し切

って一途に会社成立のために働いたことが、推測されるのである。

新しい時代を告げる事業への積極的な関心、取り組みかけたらどこまでも前進し、そのためには私財をなげうつことをも惜しまない執念。亀之助こと九兵衛青年も、父のこのような性分をそのまま引き継いでいたのだろう。その血が、まもなく彼を時代の寵児《ちょうじ》、飛行機の虜《とりこ》にならせてしまうのである。

父が他界した翌年の明治四四年一二月二二日に、九兵衛は坂田《さかた》郡六荘《ろくしょう》村室《むろ》（現、長浜市室町）の旧家から妻を迎えた。長浜縮緬《ちりめん》の工場を経営する柴田源七《しばたげんしち》の長女、志津《しづ》である。志津は明治二五年（一八九二）生まれで九兵衛の四歳年下であった。

このときの嫁入り行列の豪華さは、かつては年寄りの間で語り草になっていた。花嫁が熊木家の玄関をくぐっているのに、行列の後ろのほうはまだ八日市駅の構内に残っていた、というのである。

花嫁には、乳母が付き添っていた。

志津は背が高く細身の美しい女性であった。良家の出らしく、たいへんおとなしくて、世間のことにはあまり知識がなかったという。鉄道でよそへ行くとき、切符を買わねばならないことを知らずに、駅でぼんやりしていたなどという話が残っている。

九兵衛二三歳、志津一九歳。家業の油商と母や使用人への心使い、九兵衛のあとに、まだ三人の弟と四人の妹が生まれていたから、新婚家庭とはいえ彼ら二人の気苦労は相当なものであったろう。

しかし、その後、九兵衛が飛行機と飛行場問題に熱中した経過を考えると、結婚後二、三年の間が二人にとってまだしも平和で幸せな時期であったといえる。

亀之助が九兵衛を襲名した明治四三年（一九一〇）の一二月には、日野・徳川両大尉が代々《よ》木《ぎ》練兵場でわが国はじめての飛行に成功した。

大正二年（一九一三）には帝国飛行協会が設立され、長岡外史《ながおかがいし》中将が会長に就任している。また、この年の五月には民間飛行家武石浩玻《たけいしこうは》がアメリカから帰国し、京阪神連絡訪問飛行を実行したが深草練兵場で着陸に失敗、わが国民間航空界での最初の犠牲者となった。

明治の終わりから大正の初めにかけては、黎明《れいめい》期の航空界をめぐるさまざまなニュースが、新聞紙上を賑わせていた。中学に学び、陸軍予備少尉の肩書をもつ熊木九兵衛は、家業の油商に励みつつも、当然これらの出来事に深い関心を抱きつづけていたことであろう。

第2章

荻田常三郎

生い立ち

荻田常三郎《おぎたつねさぶろう》は、明治一八年（一八八五）四月二三日、愛知《えち》郡八木《やぎ》荘《しょう》村島川《しまがわ》（現、愛荘《あいしょう》町島川）に生まれた。のちに愛機翦風《せんぷう》号を介して深くかかわりあう熊木九兵衛《くまきくへい》より、荻田の方が三歳年上である。

生家、島川の本宅のほかに京都と福井に呉服店があったが、この資産を築いたのは父・善三郎《ぜんざぶろう》の代のことであった。

常三郎は小学生のころから腕白で通っていた。ただ、彼の場合はただの腕白ではなくて、同じいたずらでもどこかに普通人とは違う一面があった。

のちに八木荘小学校校長になった叔父荻田久吉《きゅうきち》の思い出話が新聞（大正四年一月五日付「大阪朝日新聞京都附録」）に載っているが、たとえば、冬、教室の大火鉢に栓を詰めたインクびんを埋め、びんが火力で爆発し中のインクが四散するのを面白がって繰り返していたという。もちろん、先生の目を盗みながらである。

彼は算数の出来が飛び抜けて素晴らしかった。

先生がクラス全員の試験の平均点を出すためソロバンで点数を読み上げていると、廊下でそれを聞いていた荻田少年が答えをピタリと言い当て、先生を驚かせたという話もある。

荻田は、尋常小学校卒業後、県立第一中学校（現、彦根東高校）に入学したが、一か月で退学し地元の高等小学校に入り直した。例の腕白がつづいて中学校側がもてあまし、小学校へ送り戻したというのが実情である。

同志社に入学したが、これも中途退学。

しかし、彼はその後独学で一年志願兵の試験に合格し、明治三八年（一九〇五）一二月に大津歩兵第九聯隊《れんたい》に入営、第五中隊に属した。

『近江神崎郡志稿』には、荻田常三郎と熊木九兵衛が「同隊で深交あり、除隊の翌年、共に陸軍少尉になった」としている。だが、荻田が入隊した年に九兵衛はまだ県立第一中学校の四年生であり、このような事実はなかったものと思われる。

一年志願兵時代の荻田常三郎

ところで、入営後の荻田の頭脳明晰ぶりと行動の突飛さとは、相変わらず人の目を引くものがあった。だが案外な臆病者で、器械体操が不得手であり、梁木《りょうぼく》（高所に横木を渡した運動用具）の上で震えていたり高い場所から飛び降りられなかったりで、当時を知るものは彼がのちに飛行家になったと聞いて驚いたという。

明治三八年四月、兄・富三郎《とみさぶろう》は日露戦役の奉天会戦で戦死した。長兄・一太郎《いちたろう》も早逝しており、常三郎が家を継ぐことになった。

一年の兵役を終えてから、彼は妻あいと京都の店におり、福井の店は番頭に任せてあった。郷里八木荘には、母ひさが常三郎の養子求馬《もとめ》や女中とともに暮らしていた。父・善三郎はすでに他界していた。

京都に出てからの荻田は、あまり郷里には帰ってこなかったようである。だが、京都にもまだ数えるほどしか自転車を見なかったころに村へ自転車を乗り入れたり、自動自転車（オートバイ）を飛ばしてきて村人を驚かせたりしていた（大正四年一月七日付「大阪朝日新聞京都附録」）。

常三郎は「新規なものにはなんでも手を付けて、他に向かい機先を制する風な人であった」（前掲紙）という。

飛行家への道

その彼が、みんなの前で飛行家になる志望を発表したのは、大正元年（一九一二）秋のことである。

郷里の親戚に仏事があり、母ひさをはじめ親類の主だった人々が集まっていた席上、彼は突然「自分は飛行家になりたい」と言い出した。

これを聞いた母ひさは、「そんな危ないことはせずにいて呉《く》れ。兄の富三郎が戦死し、杖とも柱とも頼むものはお前一人でないか。其《そ》のお前がソンな危険なことをするのを何んとして見ているることが出来よう。断念して呉れ」と情愛をこめて説得したが、常三郎の決心はすでに固かった。

同席していた叔父の荻田久吉と、檀那寺願正寺《がんしょうじ》の島川秀芳《しまがわしゅうほう》住職がひさに向かって「それ程ご心配なさったものでもありますまい。世間の事物は非常に進歩して居る当節柄のことであるから、本人にその志望があるならやらしてご覧になっても宜《よろ》しいでしょう」と勧めたが、ひさは最後まで得心しなかったという。

以後、荻田常三郎は民間飛行家への道を進むのであるが、叔父と住職の理解についてはいつも感謝していた。「世間の人が、自分の言動を軽率と云《い》おうが狂気とあざけようが、一切頓着しない。自分の心事は願正寺の住職と校長だけは知っていてくれる筈《はず》だ」と常々周囲の人に話していたという（以上、大正四年一月七日付「大阪朝日新聞京都附録」）。

大正二年（一九一三）夏、荻田常三郎は突然、朝日新聞大阪本社京都通信部を訪問した。応対に出た記者はもちろんまだ荻田常三郎のことを知らず、名刺を受け取ってはじめて名前を知った程度であった。そのときの荻田は「眼光の極めて鋭い不穏の風貌で、何か喧嘩でもするためにきた」かのように見えたという。

荻田常三郎は記者に、「武石君（墜落死した民間飛行家）の跡をついで飛行家になるつもりだ」といった。

これに対して記者が「そのため、どんな準備をしたのか」と尋ねると、荻田は「ガソリンのことは大概知っている。飛行機に関する書物は丸善にあるだけの分はみんな買って読んだ。所沢《ところざわ》（明治四四年に日本初の飛行場として開設された所沢陸軍飛行場）にも行った。このあとは、家宝の屏風《びょうぶ》や土蔵を売って学資にするつもりだ」と答えた。

そこで記者は、「わざわざ家宝まで売ることはあるまい」と忠告したが、荻田は「いや、渡欧は飛行機の研究だけが目的ではない。欧州飛行界の空気に触れて、切実にその感化を受けてみたい。だから行きます」と固い決意を述べたという。

荻田は、朝日新聞社のヨーロッパ派遣記者とのつながりをつけてもらうことを目的に、同社京都通信部を訪問したのであった。

彼は、朝日新聞社パリ通信員・松岡新一郎《まつおかしんいちろう》あての紹介状を得ることに成功した。

そして、大正二年（一九一三）九月二八日、神戸港出帆のフランス・メール便で日本を離れた。二八歳のことであった。

荻田常三郎は、パリ駅に着くとすぐ自動車を雇って松岡通信員の宿を訪ねた。あいにく同通信員は不在であった。彼は、宿の世話をしている老婦人に手まね足まねで松岡通信員の帰宅時間を聞き出し、「それまでパリ見物をしてくる」といって、ふたたび自動車でエッフェル塔見物に出掛けた。

彼は、エッフェル塔付近で英語の話せるフランス人を見つけ出し、同人を介して運転手に「何時には、松岡の宿をもう一度訪問する。それまで、パリ見物の案内をしてくれ」と注文したという。

松岡通信員は、「はじめてフランスへ来て、自分と出会うまでにすっかりパリ見物を済ませたとは本当に驚きました」と述懐している。

荻田はその翌日、早くも松岡通信員とともにパリ郊外にあったヴィラ・クーブレーの飛行場へ行って、モラーヌ・ソルニエ飛行学校への入学手続きを済ませた。

飛行学校に入学して三日目、教官が試みに彼に飛行機の滑走をやらせてみると非常に巧みであり、みんなが舌を巻いたという。これは、彼が日本にいるとき、オートバイに乗って練習を重ねていた成果であった。

荻田がパリに着いて六日目、松岡通信員は急に帰国することになった。荻田の担当教官は、松岡通信員に「彼をかならず立派な飛行家に仕立てあげるから、日本に帰ったらその旨を荻田の友人に伝えてくれ」といった。

荻田は、同通信員との別れ際に手帳を持ち出し、食事や買い物その他日常生活に必要なフランス語を五、六〇ほど聞き出してメモをした。それが済むと、「もうよい、君は帰朝しろ」とあっさりいってのけた。

その気軽さ、合理性は「フランス人そのまま」である、と長年パリ駐在の経験をもつ松岡通信員を驚かせている。

荻田常三郎は、その後ブランドジョンやリゼーなどフランス一流の飛行家と兄弟のように親密な間柄となり、八か月の飛行訓練を終わって万国飛行免状を手にした。同時に、あらかじめ準備していった資金で、モラーヌ・ソルニエ式ル・ローン八〇馬力単葉機一台を購入した。

帰国は、シベリヤ経由であった。飛行学校での彼の教官であり技師であったリゼーが荻田に同行した。

京都の自宅に帰ったのは、大正三年五月一八日であった。

「単葉と複葉」

荻田常三郎が帰国して間もなく、六月一三、一四日に鳴尾《なるお》競馬場（兵庫県西宮《にしのみや》市）で、帝国飛行協会と朝日新聞大阪本社の主催による第一回民間飛行大会が催された。

鳴尾に競馬場ができたのは明治四〇年（一九〇七）のことで、周囲が一八〇〇メートル、幅が三〇メートルで木造のスタンドが建っていた。

当時はまだ専用の飛行場がどこにもない時代で、このような競馬場や練兵場の広場が飛行機の離着陸場として使われていた。鳴尾競馬場は現在の西宮市枝川町・古川町・甲子園九番町などにあたり、いまでは浜甲子園団地や西宮東高校が建っている。

第一回民間飛行大会に参加したのは、荻田をはじめ坂本寿一《さかもとじゅいち》・高左右隆之《たかそうたかゆき》・海野幾之介《うんのいくのすけ》・磯部鉄吉《いそべおのきち》であった。

荻田常三郎は、モーターの不調で築港西側埋め立て地に不時着したものの、飛行高度の部で第一位（二〇〇三メートル）になり、新進の民間飛行家として一躍名をはせた。

帰国後の荻田常三郎の活動舞台は、京都が中心になった。出身は滋賀県八木荘村であるが、京都市室町錦小路に店舗があり渡欧前から京都で生活していたことや、また在郷軍人会京都明倫分会の理事でもあったことから、彼は「京都の生んだ初めての民間飛行家」として紹介された。

荻田常三郎は、大正三年七月一四、一五日に京都深草練兵場での飛行会を計画した。このことを報じた新聞にも、「京都にも荻田氏といふ飛行家が産まれた。欧米と比較して非常に進歩が遅々としている日本民間飛行の為には、大いに氏の奮励を望まねばならぬ。」（大正三年七月一一日付「大阪朝日新聞京都附録」）とあるように、彼を京都出身者としてとらえている。

荻田常三郎による京都での飛行会は、当初の予定が大幅に遅れ九月一二、一三日に実施された。これは先の民間飛行大会で埋め立て地に不時着したとき、プロペラや発動機に損傷があり、その修繕用機器の到着が遅れたためである。

その間、彼は飛行後援会を組織したり、講演会を開催したりして活動を続けている。

飛行後援会は、紳士の集まりである三八会やその他の倶楽部が主唱して、京都市上・下京区の在郷軍人会を動かし組織することになった。名誉会員は一〇〇〇円、特別会員は一〇〇円、普通会員は一〇円などの会費を定めた規約が作られ、会員申し込みも少なからずあった。

荻田飛行後援会規約（案）では、事業内容につぎの四点をあげていた。
①随時、荻田氏の飛行を各地で行うこと。
②講演会を開催して、一般に飛行知識を普及すること。
③世界の飛行状態に遅れぬよう、万国新飛行機の優劣研究をなすこと。
④飛行学校設置その他の方法をもって後進飛行家を養成すること。
当時、荻田は新聞記者の質問にたいして「とりあえず自分一人の後援会をスタートさせ、各地に同様な後援会ができた時点で民間飛行家全体の大後援会に育てたい。そして飛行機学校や飛行機製造場も設けたい」という抱負を語っている。

また、後援会の必要な理由として、「飛行知識の行き渡らぬ日本の民間では、一台の飛行機を購《あがな》うておけば、終身用いられる嫁入り道具のように考えている向きが多い。けれども事実はなかなかそんなものではなく、世界に示すレコードでも作ろうとするときには、飛行のたびご

大正３年６月、兵庫県の鳴尾競馬場で開催された第１回民間飛行大会での荻田常三郎の飛行

高度部門で第１位となったものの、不時着・転覆した荻田常三郎機
（２点とも『歴史写真 大正３年７月号』より）

荻田常三郎と養子の求馬、和服姿のリゼー
（「大阪朝日新聞京都附録」大正４年１月５日付）

とに一台の飛行機を作る位いのものである。そうはしなくても、欧米では飛行機の寿命はまず一年と定めている」（大正三年七月一二日付「大阪朝日新聞京都附録」）と語っている。

また、七月一四日付の同紙に、荻田は日本人とフランス人の比較論を展開している。その一部を紹介しておこう。

どうも日本人には群衆公徳に欠けるところがあって大勢の中で平気に不作法を働くことが多い。仏国の飛行会の場合、広い飛行場に柵などは一切設けない。地上に石灰を流して、これから内へは入ることはならぬと決めてある丈《だけ》だ。それで群衆はチャンと公徳を守って一切足を中に踏み入れぬ。

もし入るものがあると、これに自動車をつっかけて追い払ふは、禁じてある場所へ入ってこれにひき殺されても、それは入ったものが悪いのであるといふ法律が設けられている。（中略）過般、モナコで行はれた万国飛行競技会では、十五日間のあいだに飛ぶと決めて最初の出場予定は二十幾名であった。ところが飛行を決行したのは僅かに五、六名に過ぎず、日もまた四、五日飛んだに過ぎぬ。

二十日のうち、十五日まではみな無駄に待たされて、ぼんやりと天を眺めて暮らしたのであったが、風位や風力をみて成る程と承知し一の不平を出すものがない。

日本なら、それこそ大変。すぐ詐欺《さぎ》だのほら吹きだのといふに違いない。その日に飛ばなかったといふと、もう飛行家の技量まで疑ひ出す。

以上、日本人のゆとりのなさをついた、なかなかするどい分析である。

ところで、荻田常三郎の講演会は七月一四日夜七時から、京都市議事堂に二千人の聴衆を集めて行われた。

荻田はフランスでの飛行教官であったリゼーとともに演壇に上がり、彼を聴衆に紹介してから「単葉と複葉」というテーマで講演を行った。

翌々日の新聞記事からその講演要旨を紹介すると、

　単葉は速いので空をかけ廻るのは単葉の役目となっている。複葉は堅牢で安全である。それで、重い物をもって揚がることができる。

　軍事では複葉を用い、民間では単葉を用いることとしている。民間のものは軽快でつぎつぎと新レコードをつくっていくので、軍用飛行機研究の興奮剤になっている。

　こんなふうに、一方に何等か刺激する相手がなければ、双方とも発達するものではない。

（大正三年七月一六日付「大阪朝日新聞京都附録」）

という内容である。単葉・複葉の機能的な比較からはじまって、軍用と民間の双方における飛行機研究の必要性、つまり民間航空界の活動の重要性を訴えるものであった。

荻田の話術は巧みで、聴衆からはしばしば「万歳」「壮快」「しっかりやってくれ」などの激励がとんだという。

荻田は八月二日にも京都市大宮で飛行講演会を開いている。

また、八月五日には、午後一時から京都歩兵第八聯隊将校集会所で現役および京都付近在住の予備将校を対象に「真面目なる飛行研究をなさしめる為」（七月三〇日付「大阪朝日新聞京都附録」）の講話も行った。

妻をめとり家業に励んでいた八日市町の熊木九兵衛も、京都におけるこのような荻田常三郎の名声は、新聞紙上で十分に知っていたであろう。推測の域を出ないが、荻田の飛行後援会への入会申し込みを行っていたかも知れないし、講演会を聞きにいっていたかも知れない。八月五日の「予備将校を対象とした講話」については、予備少尉であった熊木九兵衛も参加した可能性はおおいにある。

九兵衛は、荻田常三郎が滋賀県出身者であり自分と同じ大津歩兵第九聯隊の一年志願兵であって、ともに在郷軍人会の予備少尉であることに強い連帯意識をもっていたはずである。だから、何かの機会に九兵衛が荻田常三郎に面会を申し入れたことは十分に考えられる。

命名、翦風号

規約草案などがまとめられた荻田飛行後援会は、七月二八日午後五時から京都ホテルで第一回役員会が開催された。

役員会には、長岡外史第一六師団長をはじめ京都府知事代理・京都市助役・京都商業会議所会頭・京都聯隊区司令官などの歴々が出席した。席上、種々協議のうえ後援会の名称が「荻田飛行後援会」から「京都飛行後援会」に変更された。

その理由は、「目下は荻田氏の後援会なるも、これを名に冠するは将来余りに範囲を小限さるる虞《おそ》れもあれば（大正三年七月三〇日付「大阪朝日新聞京都附録」）」と、いうものであった。規約の箇条も二、三削除された。

理由はともかく、これで荻田常三郎の個人的な後援会としての色彩はほとんどなくなってしまった。

名称を変えた京都飛行後援会は、会長に井上京都市長（当日欠席）を、副会長に高倉京都聯隊区司令官・稲垣商業会議所副会頭を選び、理事など三〇名を決定して晩餐会に移っている。

このように、最初から図体ばかり大きくなって実際行動が伴いそうにない京都飛行後援会のスタートは、荻田常三郎にはあまり満足のいくものではなかったように思われる。

左から助手の大橋繁治、荻田常三郎、リゼー

京都飛行後援会に比較すると、四か月後の同年一一月、八日市町に組織された翦風飛行学校設立期成同盟会はなんともみすぼらしいものであった。しかし、荻田にとっては翦風飛行学校設立期成同盟会こそが、彼の理想により近い組織体であったといえるだろう。

そのころ、フランスから荻田常三郎と同行して来日していた飛行家リゼーのもとへ、第一次世界大戦勃発とともに、本国から帰国を求める通知が届いた。

八月八日、京都・美濃吉で有志による純日本式の送別宴が開かれた。リゼーは日本語で「コンバンワ」を連発して愛嬌をふりまき、「私は空中に一大活躍を試み、敵軍に致命傷を与えねば置きません」と挨拶した。

八月一一日の朝、リゼーは荻田常三郎とともに自動車で京都駅に到着、五〇名におよぶ日本人の見送りを受けて列車で京都を離れた（大正三年八月一一日付「大阪朝日新聞京都附録」）。機体修繕用の機器到着が遅れ、日延べの続いていた京都での荻田常三郎の飛行会は、九月一二日と一三日に実施された。

九月一二日は、いわゆる二百十日《にひゃくとおか》の台風くずれで風速二〇メートル前後の強い風が吹いていたが、同日午前六時二五分、荻田は風向きの変わったチャンスをとらえ滑走わずか一〇メートルで深草練兵場を飛び立った。人々は、ただの滑走であろうと思っていたが、荻田はたちまち東南方向から西へ、さらに機首を北に向け、高度三五〇メートルで京都市上空を一周した。この勇敢な飛行ぶりを京都在郷軍人会が伏見宮貞愛親王に上申、荻田は親王から愛機に「翦風号」の名前を賜った。

「翦風」とは、風を切るという意味である。

荻田常三郎は、九月二三日、高知市朝倉練兵場での飛行会に羽織・袴・高下駄といういでたちで翦風号に乗り込んだ。伏見宮に敬意をあらわすための行為であったが、その突飛さは当時の人々の話題となった。

郷里訪問飛行計画

大正三年（一九一四）九月六日付けの「大阪朝日新聞京都附録」に、つぎのような小さな記事が出ている。

荻田氏飛行

民間飛行家荻田常三郎氏は、郷里なる滋賀県愛知郡八木荘村付近にて飛行せんと計画中なりしが、いよいよ神崎郡八日市町長横畑耕夫《よこはたたがお》、同郡旭《あさひ》村長小泉伊兵衛《こいずみいへえ》の両氏発起となり、滋賀日報社応援のもとに、蒲生《がもう》郡中野村字中野沖の原において飛行する由。

荻田常三郎は、深草練兵場での飛行会実施以前に、比較的早くから郷里での飛行計画をもっていたようである。そのための離着陸場はどこを利用すればよいのか、また、だれの協力を取り付ければよいのかなどいくつかの課題があった。

荻田は最初の支援者として旭村（現、東近江市の北西部）村長、小泉伊兵衛を選んだ。小泉伊兵衛は旭村山本の呉服卸問屋で、東京に本店を、京都室町に支店を置いていた。荻田も同じ室町に店を出している。その関係で荻田が小泉にたいして郷里訪問飛行の協力を依頼したのであろう。小泉は荻田の考えかたや行動を全面的に支持し、七月八日に八日市町長横畑耕夫を訪問、荻田のために飛行場建設の話を持ちかけた。沖野ケ原を翦風号の離着陸場として荻田に推薦したのは、この小泉村長かも知れない。小泉は翌八月、荻田常三郎らと早くも沖野ケ原への実地踏査を行っている（『現代滋賀県人物史』大正八年刊）。

熊木九兵衛は、沖野ケ原付近に土地を持ち父の関係で行政にも顔が効いていた。彼がこの頃から協力者として荻田常三郎らと共に行動していた可能性はおおいにある。


当時の沖野ケ原は、松林と草原が入り混じった原野であった。

藤沢伊三郎《ふじさわいさぶろう》さん（八日市市今崎町・明治三七年生まれ）の記憶によれば、沖野ケ原は現在の聖徳《せいとく》中学校グラウンド以東の芝草の生えた野原で、周囲には赤いボケの花が咲いていたという。野原の南側には四ツ辻（小脇《おわき》町）から八風《はっぷう》街道札の辻（野村町）に抜ける畑《はた》街道が通っていた。街道の南側は赤松林であり、野原の北側には金屋や八日市の墓地があった。中野小学校の運動会は、いつもこの沖野ケ原で開かれていた。蒲生郡内六校の運動会や郡内青年団大会の会場にもなった。江戸時代中期から五月の節句に鯉のぼりのかわりに揚げられるようになった中野の大凧も、この場所で揚げられた。これは現在、「近江八日市の大凧揚げ習俗」として国選択無形民俗文化財に選ばれているもので、近年は畳百畳敷き（縦一三メートル×横一二メートル）の大きさだが、明治期の記録では縦横一〇間《けん》（約一八メートル）の大きさがあり、凧の表面に絵と漢字の組み合わせで四字熟語の意味を持たせた「判《はん》じもん」と呼ばれる図像を描くのが特徴である。揚げ綱の持ち手などに総勢二〇〇人ほどの人手が必要とされた。

清水元治郎の日記にも、

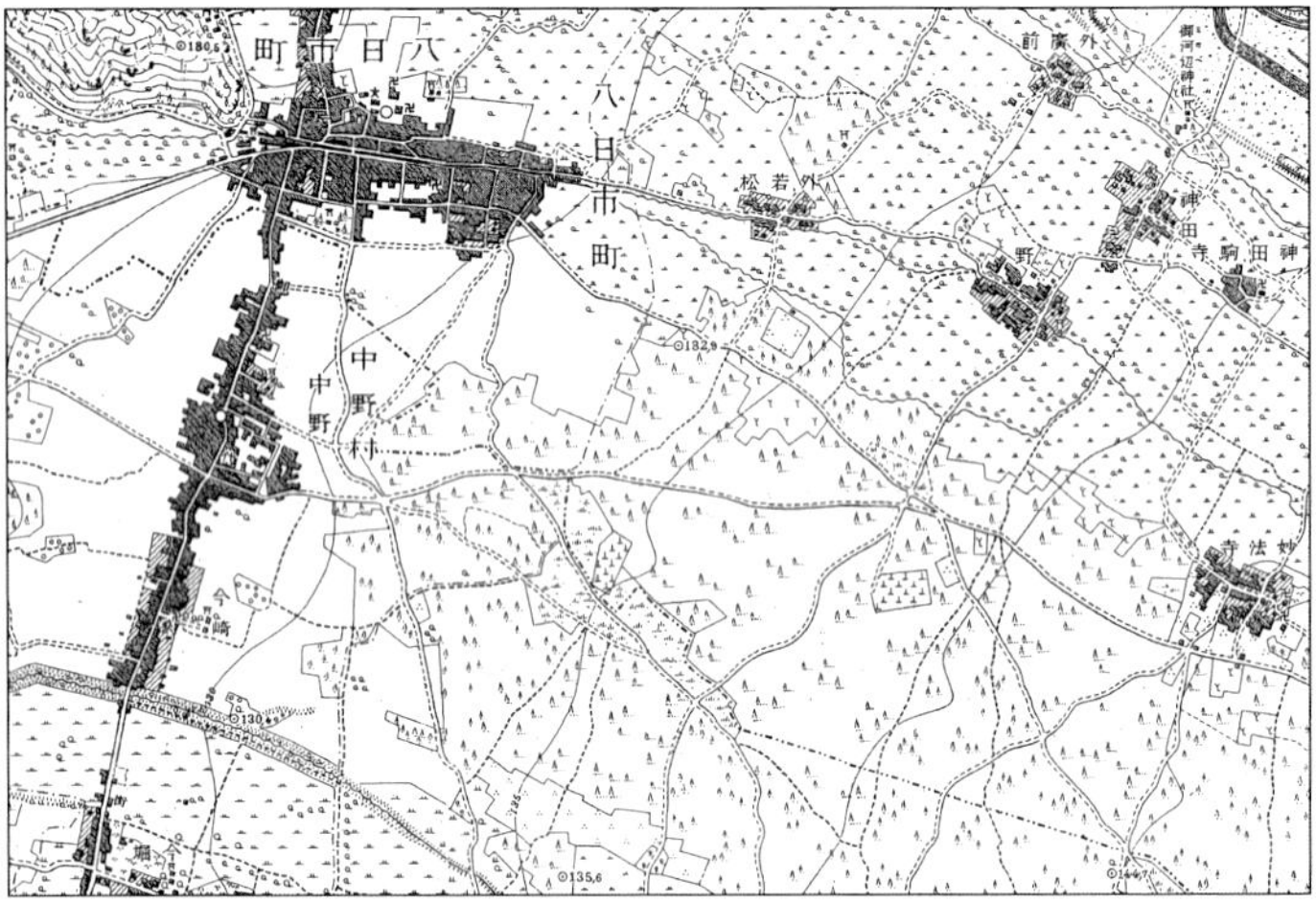

当時の沖野ケ原周辺（明治26年測図、陸地測量部発行２万分の１地図）
中央を横断している道路が「畑街道」と呼ばれ、八風街道札の辻（現、東近江市札の辻）に至っていた。沖野ケ原は、この畑街道を中心に広がっていた。

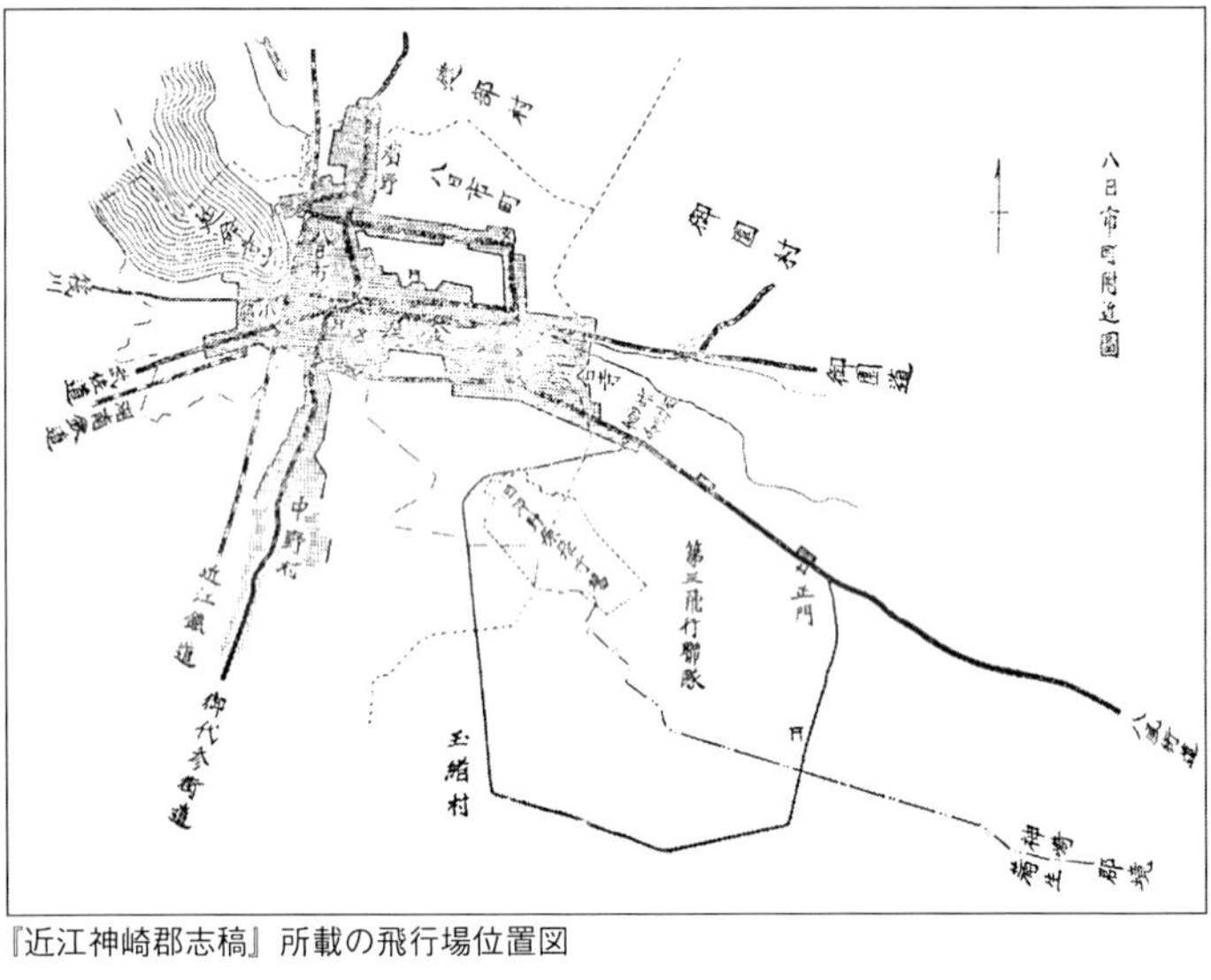

『近江神崎郡志稿』所載の飛行場位置図

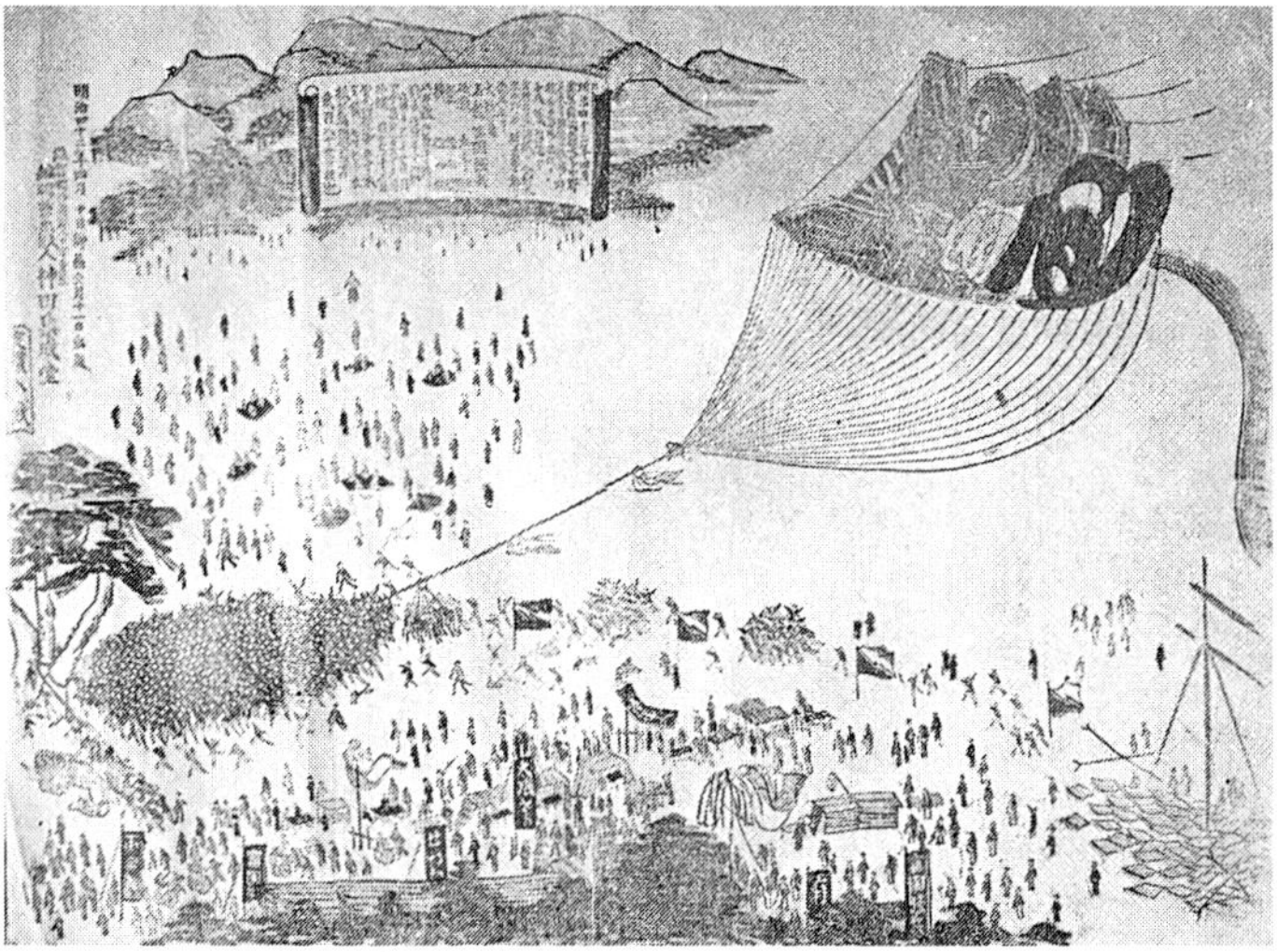

明治42年の大凧（『八日市大凧調査報告書』より）
日露戦争勝利の祝いとして縦横10間（約18m四方）、「富国強兵」を表す「判じもん」を描いた。

昭和40年頃の八日市大凧
（『八日市大凧調査報告書』より）

沖野原競馬会開催さる（明治三九年四月二日付）
沖野原で自転車競争会あり（明治三九年一一月一八日付）
沖野ケ原にて中野村有志による富国強兵の大凧飛揚（明治四二年四月一四日付）

などの記録があり、沖野ケ原が近郷町村の野外イベント会場として利用されていたことを伺わせる。

当時の新聞（「大阪朝日新聞京都附録」大正三年九月六日付）につぎの記事がある。

民間飛行家荻田常三郎氏は、郷里なる滋賀県愛知郡八木荘村付近にて飛行せんと計画中なりしが、いよいよ神崎郡八日市町長横畑耕夫、同郡旭村長小泉伊兵衛の両氏発起となり、滋賀日報社応援のもとに、蒲生郡中野村字中野沖野原において飛行する由。

中野村中野字沖埜《おきの》に隣接し、八日市町金屋の小字「沖《おき》」をはじめ「梅ヶ原《むめがはら》」「宮原《みやはら》」「正覚《しょかく》」などが畑街道に沿って広がっている。この地域一帯がイベント会場の「沖野ヶ原」である。

前掲の新聞記事にもかかわらず、飛行大会の会場は八日市町金屋側に重点が置かれていたようである。このように、荻田常三郎の飛行大会が八日市町の主導で行われたのは、当時の横畑町長の政治力とあわせ、翦風号の離着陸に使用された「臨時飛行場」は、結果的に金屋側にあったためではなかろうか。

沖野ケ原での飛行が正式に決まったのは、大正三年（一九一四）九月二三日のことであった。この日の夜、横畑町長は町議会議員や有志を修交館に集め荻田常三郎飛行会開催の件を説明した。主催は滋賀日報社で八日市町有志各団体が支援することになっていた。

滋賀日報社は明治三四年（一九〇一）に創刊され、本社を大津市橋本町に置いていた。最大発行時の部数は約七三万部あり、当時の滋賀県を代表する新聞の一つであった。

また、当夜の会議場となりその後翦風飛行学校設立期成同盟会の事務局になった修交館は、現在の八日市コミュニティセンターの場所にあった。

会合には町議会議員のほかに熊木九兵衛ら有志も出席した。

この中で、荻田常三郎の飛行会に八日市町から二〇〇〇円の寄付をすることが決まった。蒲生・神崎・愛知三郡の教育会や、近江鉄道・湖南鉄道からも寄付が行われることになった。教育会からの寄付は、三郡の小学生の見学を保証するためのものであり、両鉄道会社が寄付をしたのは鳴尾競馬場における阪神電鉄などの例にならい、旅客運送による利益を見越してのことであろう。

会合は、夜一二時を過ぎてようやく閉会となった。その夜の日記に、清水元治郎は飛行会への期待をつぎのとおり書き記している。

荻田常三郎は、愛知郡八木荘村大字島川の産にして京都に住めり。つとに深草練兵場に於いて挙行し、目下高知市に飛行中なり。空前の盛挙なれば定めて壮観なるべし。


一〇月六日には、午後三時ころ荻田常三郎がふたたび八日市町へ来て沖野ケ原の実地踏査を行った。ここで飛行会の日程が正式に一〇月二一、二二日と決まった。八月の実地踏査は内々のものであり、今回が公式の踏査になったのだろう。

その夜は、修交館で荻田常三郎の飛行講演会があった。

以後、沖野ケ原での飛行会まで、八日市町ではさまざまな受け入れ準備が行われた。

一〇月一九日、西宮市鳴尾競馬場にある荻田の愛機「翦風号」を、八日市へ発送することになった。そのため八日市町から熊木九兵衛ほか一名が西宮に出張した。飛行機は西宮午後一〇時発の一一トン無蓋車《むがいしゃ》で積み出された。

翦風号発送作業に弱冠二六歳の九兵衛が当たることになったのは、この時すでに彼が荻田常三郎から相当の信頼を得ていたことを意味する。

翦風号操縦席の荻田常三郎

翦風号機上の荻田常三郎と大橋繁治助手

大橋繁治助手
（３点とも『歴史写真 大正４年２月号』より）

翦風号が空を飛んだ日

翦風号は翌二〇日午前一〇時五五分、無事八日市駅に到着し、すぐに沖野ケ原に運ばれて組み立てを終わった。同日、機体説明会が行われた。

沖野ケ原で予定されていた飛行会は、初日の一〇月二一日は風が強く中止となった。しかし、午前中に多数の観衆がつめかけ、彦根中学校・八幡《はちまん》商業学校。水口《みなくち》農林学校など児童生徒だけでも、四五校六〇〇〇名にのぼったという。観衆は推計で約二万五〇〇〇名あり、なかにはつぎのように、甲賀《こうか》郡から歩いてきた小学児童もあった。

本日は未明より、数里を歩行して来着したる小学児童の空しく多数の帰校ありしは誠に気の毒にして同情に耐えざりき。

甲賀郡伴谷《ばんたに》村（現、甲賀市水口町の北部）より歩行にて参観したる可憐なる小学児童のごとき、実に気の毒の極なりし。（「清水日記」）

大阪朝日新聞は、この日の飛行が中止になり「遠近より来集せる数万人の観衆は失望を極めて八日市辺に充満の姿なり」と報じている。

翌二二日は、前日とはうって変わって好天に恵まれた。前日ほどの観衆はなかったが、それでも明け方から次々と沖野ケ原さして見物人が押し寄せた。

この日の飛行の模様を、大正三年一〇月二三日付「大阪朝日新聞京都附録」および『日本航空史』（明治・大正編）の記事によって述べよう。

まず、午前七時に号砲が鳴り、それを合図に荻田常三郎が大橋繁治助手ならびに親戚の人々を連れ立って入場した。午前八時、二回目の号砲で荻田飛行士と大橋助手が飛行服に身を固め翦風号に搭乗。八時八分、プロペラが回転をはじめ、六〇メートル滑走して離陸した。翦風号は七〇〇メートルの高空に昇り八日市町の上空を一周、機首を旭村山本に向けた。

そして、荻田常三郎は「明治生命保険会社旭代理店」の名称入り赤・白・青のビラ八〇〇枚を上空から散布した。

これは、旭村小泉村長へ配慮してのことであろう。

山本上空からは、琵琶湖に浮かぶ白帆《しらほ》が点々と見えたという。

今度は、愛知川左岸にそって遡上《そじょう》し愛知郡八木荘村島川へ。ここでは、飛行高度二〇〇メートルまで降下。村人が歓呼喝采のうちに機首を返して、愛知川上空に出、沖野ケ原に戻ってきた。

しかし、周囲が松林で滑走場が狭く、そのうえおびただしい観衆である。着陸に困難を感じた荻田は、松林の上をスレスレに最大角度に降下して滑走場中央に着陸した。

だが、すぐには滑走が止まらない。新聞記事には次のように書いている。

滑走なお止まらざる間に、機は早くも生徒の群衆せる直前数間《けん》の所に至れり。氏は一大事と突差の間に決心して、機の破壊を顧みず急に停止せんとしたれば、機は左翼を地上に打ち付け、さらに右翼を折り逆立ちとなりたり。

大橋氏は停止前、後尾を押さえんとして跳ね飛ばされ、荻田氏はハンドルを放さずにありたり。荻田氏は鼻血を出したるのみにて、両氏とも無事。

翦風号は、左右両翼を折り、シリンダーを破損、プロペラが粉砕した。荻田の鼻血はハンドルで顔面を打ったためである。すぐに機体を鳴尾に送り修繕することになった。この日の飛行時間は一二分四五秒であった。

今崎町の藤沢伊三郎さんは、当時、中野小学校の六年生で、大観衆の最前列で見学されていた。荻田飛行士が鼻血を出していたさまがいまでもありありと目に浮かぶ、と話されていた。

当日、午後二時から修交館で荻田常三郎のための慰労会が会費制で開かれた。

八日市町からは荻田に銀杯が贈られ、八日市小学校付属裁縫学校・八木荘小学校・招福楼《しょうふくろう》（料亭）から二人に花輪が贈られた。

八日市町長時代の横畑耕夫
（２点とも木村好恵氏所蔵）

八日市警察署長時代の横畑耕夫

席上、何人かがスピーチを行った。

ここで、荻田常三郎は挨拶をかねて「この沖野ケ原は飛行場として好適の場所である」旨を話した。これにたいして横畑耕夫八日市町長が沖野ケ原を民間飛行場とすることを主唱し、列席していた神崎郡長らがこれに共鳴、熊木九兵衛らを幹事に選び出した。

このように話がうまく進んだのは、あらかじめ横畑町長らによる事前の根回しがあったためであろう。

ここで横畑耕夫についてすこし触れておきたい。

横畑は、慶応二年（一八六六）八月一八日、岡山県小田《おだ》郡山田《やまだ》村（現、矢掛《やかげ》町）に生まれた。滋賀県にきた時期は明らかでないが、当時の県副知事の勧めで来県したのだという。明治三七年（一九〇四）五月、八日市警察署長として赴任、さらに明治四四年（一九一一）、四五歳のときに請われて第九代の八日市町長に就任した。

「横畑耕夫」の読みかたは「よこはたたがお」であるが、ふつう「よこはたこうふ」で通っていた。町長在任中は、役場前の旧法蔵寺境内にあった住宅で暮らしていた。

八日市にきて、早い時期に事故で妻を失い、大正七年（一九一八）ころ郷里から姪の横畑好《よし》恵《え》を呼び寄せた。身の廻りの世話をさせるとともに、彼女を女学校に通わせるためであった。この横畑好恵が、八日市東本町に住まれていた木村《きむら》好恵さん（明治三一年生まれ）である。

木村さんのお話によれば、横畑町長の人柄は「実直で曲がったことが大嫌い。お膳の引き出しの茶碗や箸の位置がすこし変わっていただけで、厳しく叱りつけるような人。けれども、お酒がはいると陽気になって、歌などをうたう面白い一面もあり思いやりもあった」という。

荻田常三郎が沖野ケ原での飛行を実施し飛行学校設立を提案した大正三年（一九一四）は、横畑耕夫はすでに四八歳、まさに油の乗り切った地方政治家であった。

しかも、のちに八日市中学校を設置したり、映画館を伏見から引っ張ってきたことなどで分かるように、時代感覚にたいへんするどい町長であった。

荻田常三郎には、沖野ケ原の魅力もさることながら、積極派の横畑町長や情熱家の熊木九兵衛青年らのいる八日市は、自己の飛行活動に最適の地であると映ったことであろう。

その後の協議で、八日市町が一五万坪の土地を買い入れて開拓、提供すること、また翦風飛行学校設立期成同盟会を組織し、さらに一五万坪の土地を整のえることなどが決まった（奥井《おくい》仙蔵《せんぞう》『八日市と飛行場』大正一一年刊）。

大正三年（一九一四）一一月に作成された翦風飛行学校設立期成同盟会の趣意書と会則が市内に残されている。ここには、民間航空界に飛躍しようという荻田常三郎がかねてから抱いていた大きな構想がそのまま盛り込まれている。趣意書の終わりの部分をつぎに抜粋する。

熱誠ナル滋賀県八日市町ハ古来大紙鳶《おおいか》ノ飛揚ヲ以テ歴史的ニ気流ノ整調ヲ表明セラレ、加フルニ土地高燥ニシテ交通至便ナル沖野原ヲ中心トシ、広茫約十五万坪ノ地ヲ特定シ、飛行学校敷地トシテ提供セリ。既ニコノ敷地アリ。而シテ此ノ飛行家アリ。乃チ茲《ここ》ニ日本唯一ノ飛行学校ヲ滋賀県ニ建設シ、前途有為ノ飛行家ヲ養成スルト同時ニ飛行ニ関スル学術ヲ研究シ、進ンデ東洋ノ先駆トシテ飛行機ノ製作ヲナサントス。是レ実ニ国民トシテ誇《こ》称《しょう》ス可キ最大快事ニアラズヤ。（「広島清剛家所蔵文書」）

だれがまとめた趣意書であるのかは分からないが、新しい時代への躍動がそのまま伝わってくる文章である。文面から起草者は八日市の町民ではなかったように思われる。趣意書には、「飛行に関する学術の研究」「飛行機の製作」といった壮大な目標がうたわれ、目的達成のために三〇万円の資金を公募することも記されている。

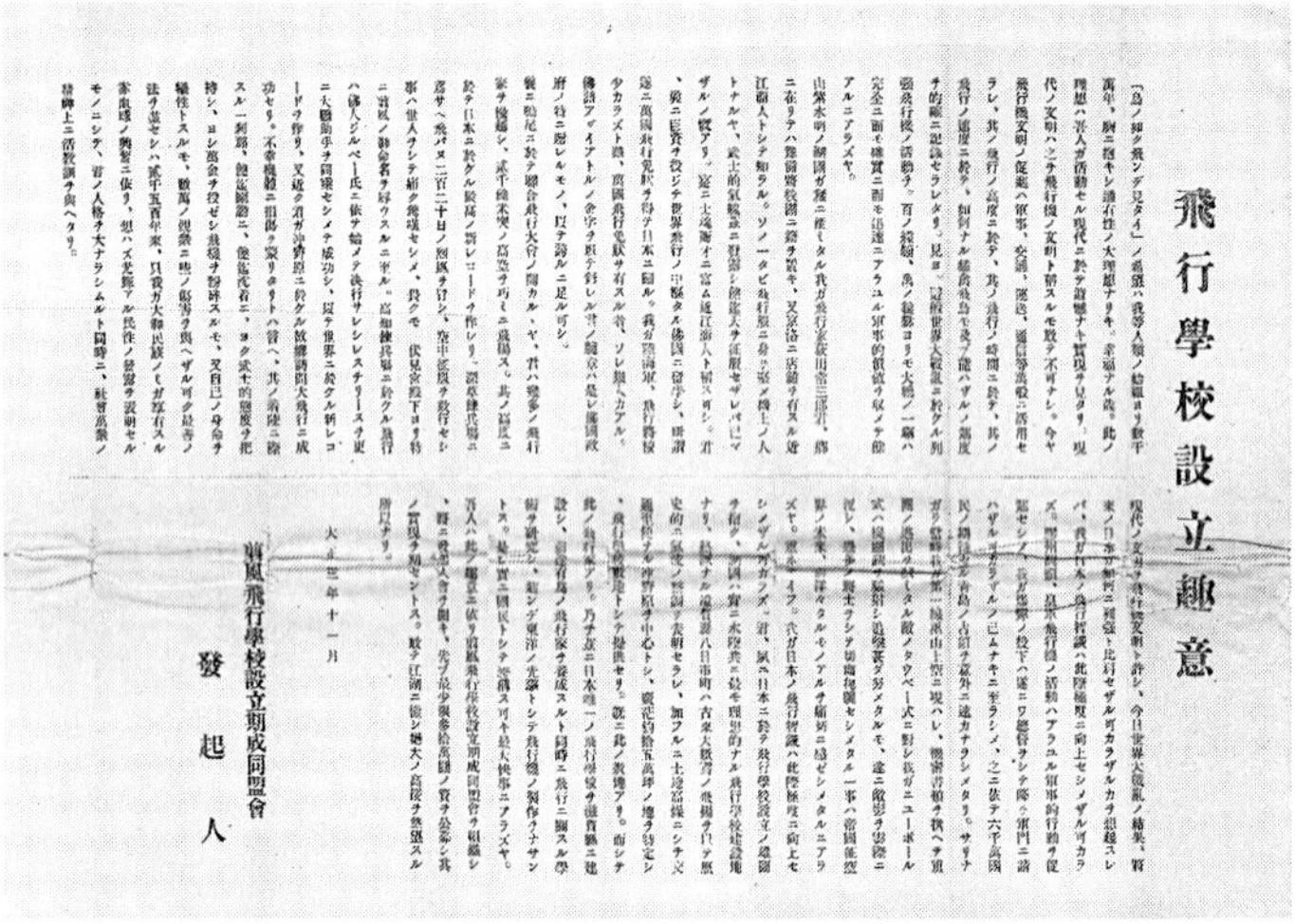

大正３年11月に設立された翦風飛行学校設立期成同盟会の「飛行学校設立趣意」
（東近江市歴史文化振興課蔵）

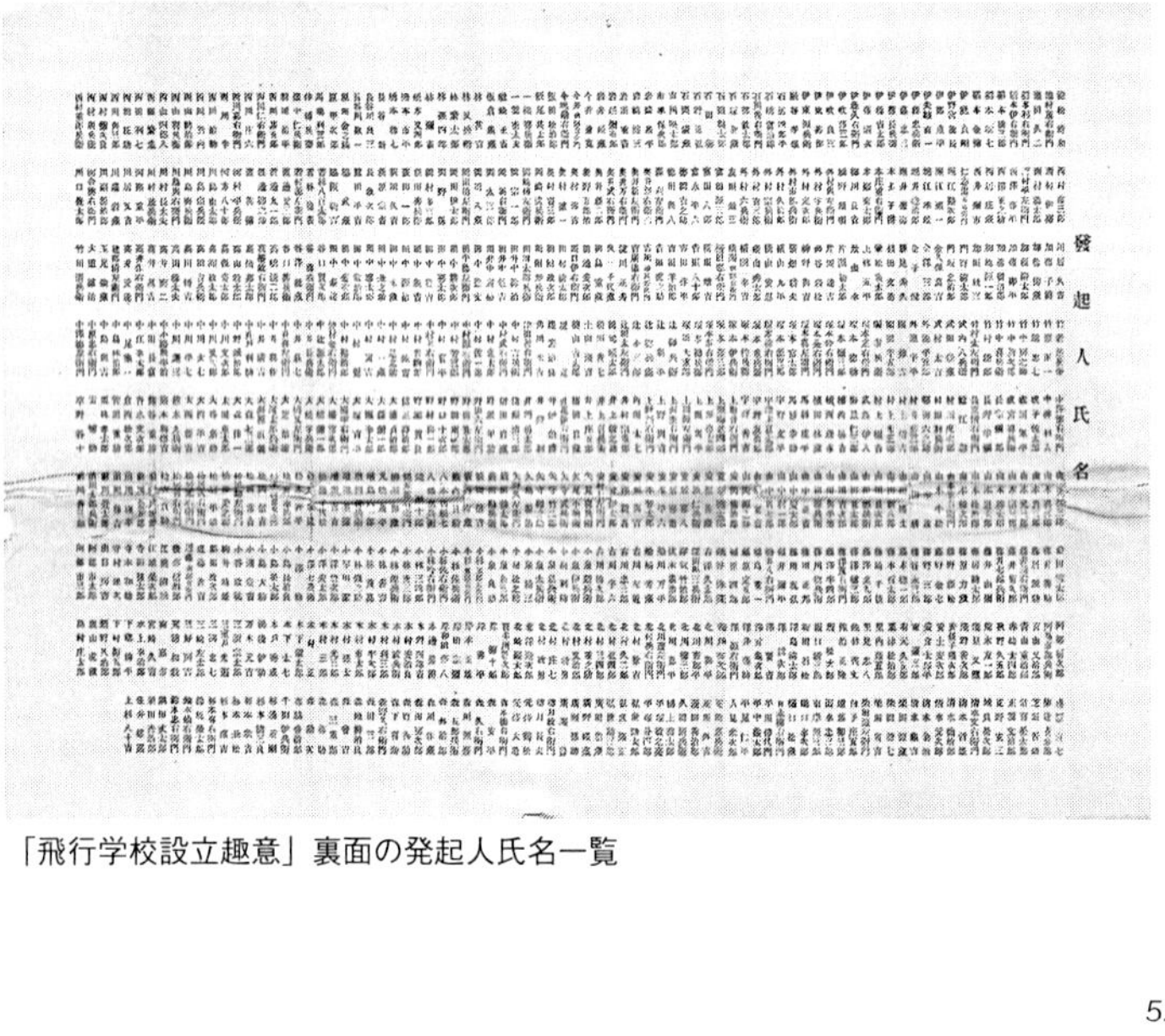

「飛行学校設立趣意」裏面の発起人氏名一覧

裏面の「発起人氏名」には、いろは順で七三四名もの名前が並んでいる。ここには、当時の滋賀県知事だった池松時和《いけまつときかず》、住友総理事の伊庭貞剛《いばていごう》、伊藤忠《いとうちゅう》代表社員の伊藤忠兵衛《ちゅうべい》（二代目）、巌谷季雄《いわやすえお》（巌谷小波《さざなみ》の名で児童文学者として活躍。父が元水口《みなくち》藩士）といった滋賀県在住もしくは滋賀県にゆかりのある著名な人物の名前を見つけることができる。

会則のうち、第一章と第二章（第十一条まで）を以下にあげておく。

翦風飛行学校設立期成同盟会々則

第一章　総則

第一条　本会ハ我ガ日本帝国征空界ノ隆盛発達ヲ図ル為メ飛行学校ヲ設立シ飛行家ヲ養成スルト同時ニ飛行ニ関スル学術ヲ研究シ進ンデ飛行機ノ製作ヲナスヲ以テ目的トス

第二条　本会ハ翦風飛行学校設立期成同盟会ト称ス

第三条　本会事務所ハ滋賀県八日市町修交館ニ設ク

第四条　本会ハ総裁ヲ推戴ス

第二章　役員

第五条　本会ニ左ノ役員ヲ置ク

会長　一名

副会長　一名
理事　若干名
主事　若干名
第六条　会長ハ滋賀県知事ヲ推ス予定ニシテ副会長ハ理事会ニ於テ推薦シ会長之ヲ嘱托ス
第七条　理事及ビ主事ハ会長之ヲ嘱托ス
第八条　会長ハ会務ヲ総理シ理事会ノ決議ノ採否ヲ決ス副会長ハ会長ヲ補佐シ会長事故アル時之ヲ代理ス
第九条　理事ハ庶務係、会計係、技術係ノ三種トシ各其事務ヲ処理ス
第十条　主事ハ本会ノ実務ニ当ル
本会ノ役員ハ主事ノ外名誉職トス
第十一条　本会役員ノ任期ハ二個年トス

大阪東京間飛行計画

大正三年（一九一四）の滋賀県の一般会計予算額は一二四万八八〇〇円余りであった。翦風飛行学校設立のためという三〇万円の資金は、当時の県年間予算額の約四分の一に当たる。同

じ比率で考えてみると、令和六年（二〇二四）度の県一般会計予算額は六一四五億円余なので、その四分の一といえば約一五四〇億円である。近年、県の事業規模も拡大しており単純比較はできないにしても、名もない地方の田舎町にとってはまことに甲斐性にすぎた大事業というほかない。

飛行学校設立期成同盟会会則は七章二十六条からなっており、第一条には「本会は我が日本帝国征空界の隆盛発達を図るため飛行学校を設立し、飛行家を養成すると同時に、飛行に関する学術を研究し、進んで飛行機の製作をなすを以て目的とす」とうたっている。

これは、「万国新飛行機の優劣研究をなす」という京都飛行後援会の設立目的から大きく前進したものである。

第三条には「事務所は滋賀県八日市町修交館に設く」、第六条には「会長は滋賀県知事を推す予定」としている。

第十六条から二十一条まで会員について規定している。会員は全部で五ランクあり、一万円以上寄付したものが名誉会員、五〇〇〇円以上の寄付が有功会員、一〇〇〇円以上の寄付が特別会員、一〇〇円以上の寄付が正会員、そして一〇円以上の寄付が賛助会員となっている。

京都飛行後援会の会員は三ランクで、拠出金は最高額の名誉会員でも一〇〇〇円であった。翦風飛行学校設立期成同盟会の名誉会員は、その一〇倍の一万円である。

荻田常三郎は、八日市を中心とした滋賀県下にこのような高額の寄付に応じる者が何人あると考えたのだろうか。

おそらく彼の構想は、滋賀県とか近畿とかの狭い範囲を越え東海から関東をも踏まえた全国的な規模の中に出資者を求めようとしたのであろう。荻田の頭の中には、単なる見世物としての飛行活動ではなく、将来かならず「空の時代」がやってくることを見越して、わが国にそのための組織をつくる必要性を痛感し、自分がその牽引車《けんいんしゃ》になるべきだという思いがあったのにちがいない。

それは、独力でヨーロッパに渡り、じかに現地航空界の空気に触れてきた彼の信念ともいうべきものであった。

荻田常三郎の民間飛行家としての名声はすでに高かったが、これまでの活動範囲はほぼ近畿・四国地方に限られていた。全国的な支援体制を取り付けるためには、どうしても大阪東京間飛行という大記録を打ち立て、その上で首都東京に乗り込んでゆかなければならない。

『日本航空史』には、大正三年（一九一四）一二月二五日に荻田常三郎が飛行協会を訪問したことが記されている。荻田は、そのとき阪谷芳郎《さかたによしろう》協会副会長に「明春一月早々、大阪・東京間を飛行するので、その節にはよろしく」と挨拶したという。阪谷副会長は「大壮図《だいそうと》で切に成功をお祈りする。まさにわが国の新記録であるが、設備万端に遺漏のないよう、十分熟慮研究のうえ決行されたい」と答えている。

荻田は、東京を離れたあと、静岡・名古屋で途中下車をして大阪・東京間飛行計画の中間着陸地を調査しつつ関西に戻った。

ところで、荻田常三郎は、沖野ケ原に飛行学校を設立するだけでなく琵琶湖での水上飛行機の指導もあわせて行う計画をもっていた（大正三年一二月二一日付「東京朝日新聞」）。

しかし、さしもの地元八日市町も、荻田の構想がそれほど簡単に実現するものではないことを感じはじめていた。

一二月二〇日に翦風飛行学校設立期成同盟会が開かれたが、その結果「一五万坪（約五〇〇ヘクタール）の飛行場建設は容易ならぬ大事業と分かり、むしろそのまま帝国飛行協会に提供し、滋賀支部で建設する、という評議に変更」（『日本航空史』）された。そして、横畑耕夫八日市町長をはじめ、御園村長安村七左衛門《やすむらしちざえもん》・中野村長前川覚太郎《まえがわかくたろう》・玉緒村長日永権右衛門《ひながごんえもん》が連名で、その旨の要望書を池松滋賀県知事に提出している。

一二月二一日、熊木九兵衛はこの評議結果を携えて上京、帝国飛行協会を訪問して、協会の尽力により中央気象台や陸・海軍飛行将校による飛行場査定委員の出張調査が実現するよう依頼した。飛行場として適地である証明を取り付け、国や協会によって事業が進められるよう期待したものであろう。

しかし帝国飛行協会は大正二年（一九一三）に設立されたばかりで、「顔ぶれだけはずば抜けて有名人たちだったが、中身は空っぽで、何ら事業らしい事業をしていない」（渋谷敦『飛行機六〇年』）状態であり、地元が期待するような協会としての積極的な取り組みを望むことは無理な話であった。

天狗の初荷

荻田常三郎は、大阪・東京間飛行を正月の間に実現しようと考えていた。

さきの上京前のことかと思われるが、彼は朝日新聞大阪本社京都通信部を訪れてつぎのように語っている。「私の機械も今が寿命の最高潮にある。活動すべきはまさに今日であるから是非とも東京まで行く。名古屋から静岡、それから浜松の三箇所に着陸するかも知れない。帰りには中仙道を一直線に帰ります。」「日本人は弱者に同情したがるが、強者に同情することを知らない。欧州では、弱者よりむしろ強者に同情する。これ欧州の強き所以だ。私も強者となり勇者となる積もりだ」（大正四年一月五日付「大阪朝日新聞京都附録」）

彼は東京から帰ったあと大阪へ行った。それは、城東《じょうとう》練兵場（大阪城の東隣に位置し、日本航空黎明期には飛行場としても使用されていた）の一隅にある朝日新聞大阪本社の建物を翦風号の仮格納庫として使用するためである。

大橋助手が、格納庫の中で寝泊まりして機体を守っていた。

大橋助手は名を繁治といい、大阪市九条町の生まれである。堂島の蒲鉾《かまぼこ》屋に奉公していたが、飛行機にかかわる仕事を志して上京、毎日、所沢飛行場のまわりを回っているうちにその熱意を認められ同飛行場の職工に採用された。その後、京都出身の井上中尉から荻田常三郎に紹介され、大正三年八月より荻田の助手となっていた。一九歳であった。

当時は、彼のように全国から帝国飛行協会を尋ねたり所沢飛行場に直接乗り込んで、「飛行家にしてほしい、飛行機を扱う仕事がしたい」と訴える青年が数多くあった。たいてい飛行家になることの危険さ困難さについて諭され断念したようであるが、彼の熱意はまた一段とちがっていた。荻田常三郎の助手には、ほかに京都市丸太町出身で医者の息子であった伊崎省三《いざきしょうぞう》や、出身地は不明であるがのちに長く熊木九兵衛と行動をともにした岩名政次郎《いわなまさじろう》がいる。

大正四年（一九一五）元旦、荻田は翦風号で大阪市街の上空を飛んだ。元旦に飛行機で飛んだのはおそらく彼が最初のことであろう。予期されていなかったので大阪の市民は驚き、かつ大喜びをしたという。高知では羽織・袴《はかま》で操縦するなど、人の意表をつくことの好きな荻田常三郎の性格をこの辺りにもうかがうことができる。

一月二日午前九時三四分、荻田は城東練兵場を飛び立ち、午前一〇時四四分深草練兵場に着陸した。彼は上機嫌で親友加藤五兵衛宅を訪れた。

荻田はシャンペンで乾杯を重ねつつ、訪ねてきた新聞記者に「京阪の都市連絡飛行なんかは自転車で隣へ行くようなもので」と盛んに熱を上げていたという。傍らで加藤が「天狗の初荷が着いた」と笑っていた。

そのあと荻田は友人ら二人と自動車で深草に走り、さらに夕食をとるため伏見の料亭に大橋助手を呼び寄せ、芸妓同席で宴会をひらいた。

彼らは午後一〇時ころまで、飲み、踊り、荻田が得意の江州《ごうしゅう》音頭を披露するなど賑やかに騒いだ。その席で、荻田常三郎は前日の大阪・京都間飛行の感想をつぎのように語った。

二千メートルの上空から眺めると、摂津《せっつ》・河内《かわち》・大和《やまと》・伊賀《いが》・山城《やましろ》・丹波《たんば》・近江《おうみ》、遠くは白山《はくさん》までが見えた。京都の空から白山を望んだのは、恐らく僕ばかりで、この目で総《すべ》てを我が物のやうに眺めると、百五十万石の大々名になったようだ。今に日本六十余州を征服して、空中の太閤《たいこう》になるのだ。（大正四年一月六日付「大阪朝日新聞京都附録」）

哀れますらを

翌一月三日は、朝からおだやかな日和であった。当時の子どもたちの正月の遊びといえば、凧揚げや羽根つきであるが、京都市内ではとくにこの日は朝から凧揚げをする子どもが多かった。

新聞記事（大正四年一月四日付「大阪朝日新聞京都附録」）によれば、「鴨川の筋だけでもざっと七百ばかりもあった」という。それは、「京都唯一の飛行家荻田常三郎氏が正月早々大阪から京都へ飛行し来ってプロペラーの響き勇ましく京都人の眠りを覚まし、児童の脳底に飛行機という感覚を起こさしめたがため」であった。そして三日には荻田がふたたび深草から大阪に向かうことを聞き知り、それを期待して凧揚げをしながら待ち受けていたのである。

荻田常三郎と大橋助手は、三日朝、伏見の宿泊先で雑煮を祝った。大橋助手は、元旦、二日と翦風号につききりで番をしており、それまで雑煮の箸をとっていなかったので「これで正月ができた」と喜んでいた。

午前九時四七分、荻田と大橋助手の乗った翦風号は深草練兵場を離陸、京都市街を目指して北に向かった。しかしいっこうに高度が上がらず、翦風号は稲荷山《いなりやま》支廠《ししょう》（陸軍の軍服などを製造する施設）の上空わずか四〇メートルで急に左に旋回し、右翼を上にして横滑りした。

低空のため機体はそのまま地上に激突、はずみで機脚がガソリンタンクを突き破り、流れ出したガソリンに引火、翦風号はたちまち猛火に包まれた。

支廠付近にいた阿佐美《あさみ》砲兵中尉ら七名がただちに現場に駆け付け、荻田らを助け出そうとし

深草練兵場にて離陸した翦風号。墜落の1分前（当時の絵はがき）

たが、すでに手が付けられる状況ではなく、逆に阿佐美中尉までやけどを負う結果となった。

当日、京都飛行後援会が「八日市役場町長」宛に事故を知らせた電報を中川三治郎《なかがわさんじろう》さんがお持ちだった。つぎのとおりである。

ゴゼン九・五〇フン　キヨトレンペイジヨ　シユツパツトチユウ　ヒヲシツシ　ヘイキシヨ（兵器廠）ニツイラク　センプゴウハハカイ　オギタツネサブロージヨシユ　オオハシジヨシユ　ジユシヨ（重傷）

荻田・大橋の二人は即死であった。しかし、電文は八日市町役場の衝撃に配慮したのか「重傷」としている。

荻田常三郎、二九歳九か月。大橋繁治助手、一九歳。二人の遭難は、これまでの彼らの活躍が華々しかっただけにまことに衝撃的なニュースとなった。もちろん、著名な民間飛行家の死を惜しみ悼む声が圧倒的であったが、中には、「荻田君は飛行機を少し甘く見すぎていたよ。今に

墜落した翦風号の消火活動のようす（当時の絵はがき）

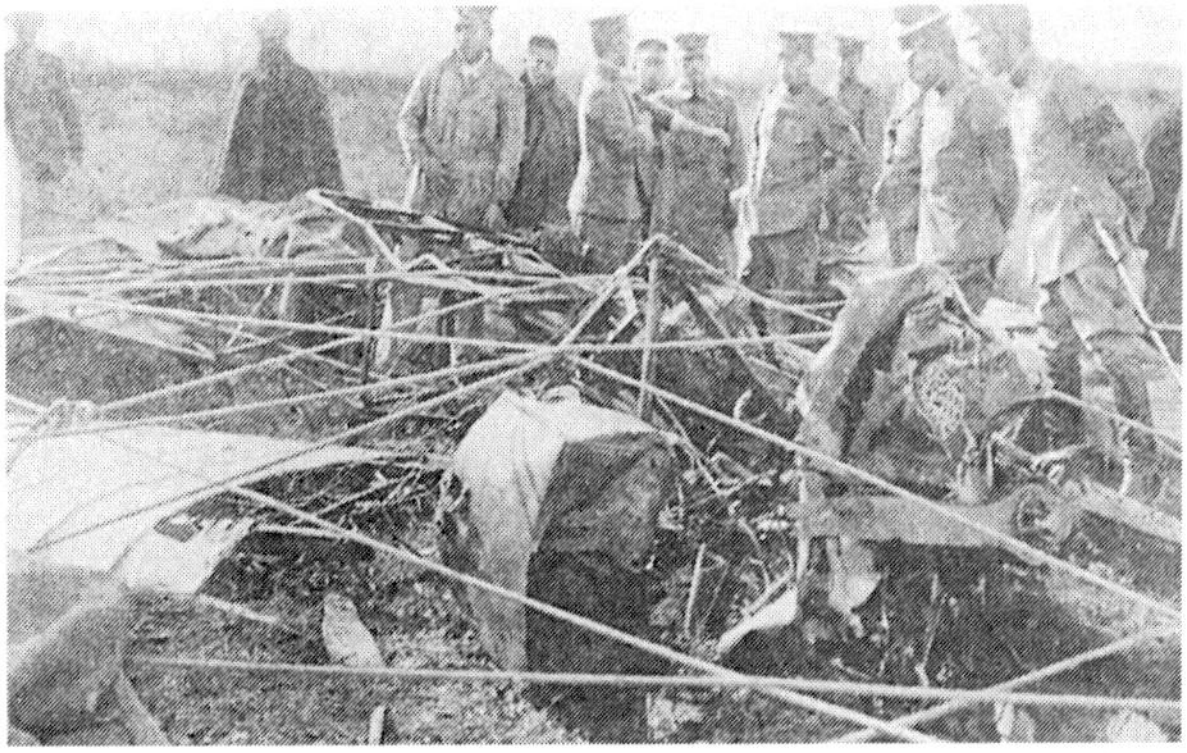

翦風号の残骸の関係者による検分（『歴史写真 大正4年2月号』より）

翦風号の残骸（当時の絵はがき）

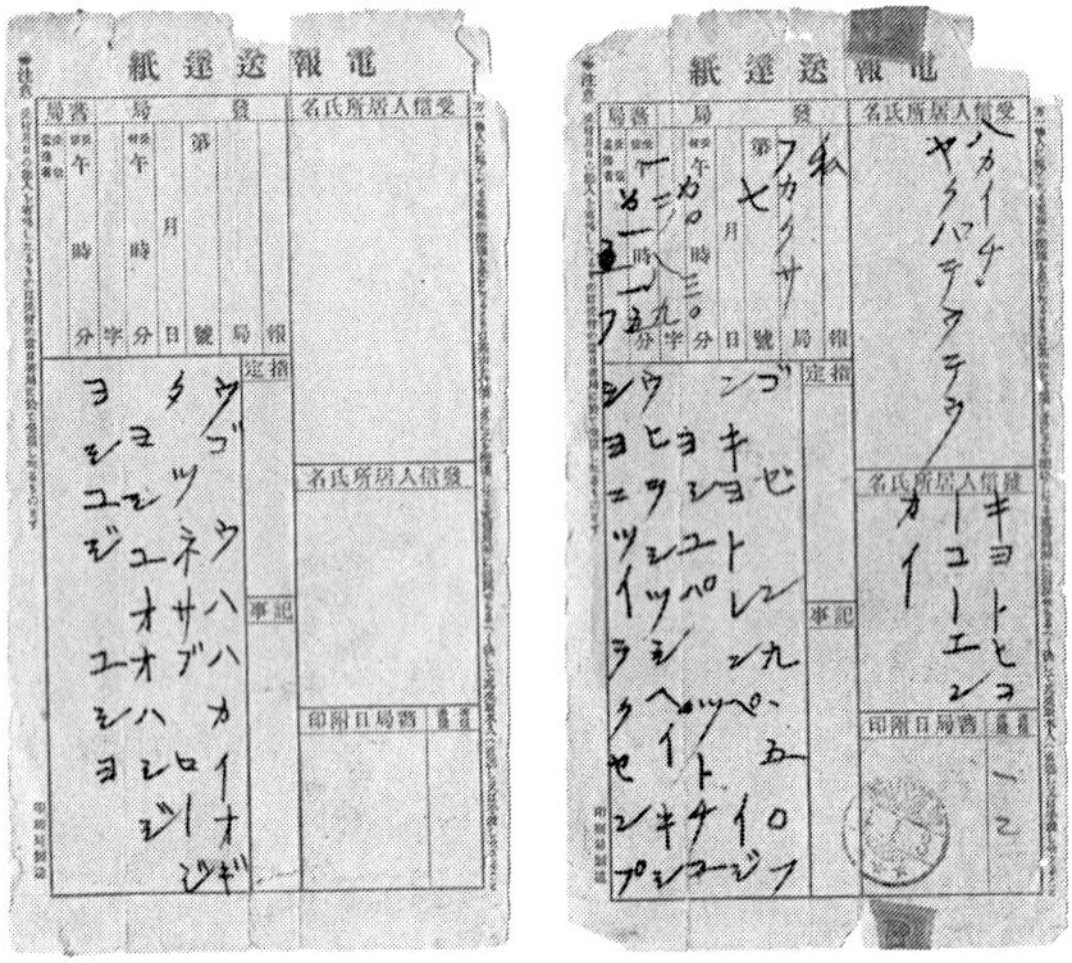

翦風号墜落を八日市町長に知らせた電報

きっと大きな事故をやるだろうと思っていた」という関係者の声（『日本航空史』）もあったし、「荻田氏は牽引力を試験する器械等は所持して居られなかった様であるが、これ位は値も安いことで購入するに困難なことはない筈。こんな手落は荻田氏の千慮の一失であらうが、将来の飛行家は十分科学的立場に立ちて慎重な態度に出たいものである」との栖《す》原《はら》豊《とよ》太郎《たろう》工学士の論評（大正四年一月八日付「大阪朝日新聞京都附録」）もあった。

しかし、「ある人は荻田君の半面を見て思慮に欠けた飛行家のように評するものがある。一個の商人が飛行家になったといふ突飛な事実に対して、その思慮までが軽率であるように観るのは失当だらう。商人たる荻田が名の為に飛行家になったのでは断じてない。予備陸軍歩兵少尉といふ魂が荻田の全身を支配して居たので、その魂が荻田を飛行家たらしめたのだ。機械に対する専門的知識の貧弱は荻田君ばかりでない、他の飛行家も悉《ことごと》く同列にある」との弁護論（一月五日付前掲紙）も出ている。

荻田常三郎の死を悼む和歌も寄せられた。

飛行家の最後はみなもかくなると
　さだまるごとし哀れますらを
御空《みそら》ゆくことも安げに説きいたる
　君も入《い》りしか犠牲《いけにへ》の数

事故原因の解明は、いろいろな形ですすめられた。最終的には、京都大学の堀教授による「スロットル・レバー（ガス加減弁）が振動で戻ったため牽引力が不足し、それに気が着いた荻田が飛行場に戻ろうと急旋回したのが失速の原因」（『日本航空史』）ということになった。

この事故によってあらためて当時の民間飛行家に「機体についての科学的な知識が不足」していることが課題視されたのである。

なお、荻田常三郎が深草に向かうとき利用した城東練兵場は四・二ヘクタールの広大な敷地をもっていた。いま、その跡地には大阪車両工場や大阪市交通局が建設されている。城東区森之宮一、二丁目にあたる。

また、荻田・大橋の終焉の地となった深草練兵場は、紀伊《きい》郡深草村（現、京都市伏見区深草）にあり、陸軍歩兵第一六師団の駐屯地として師団司令部・練兵場・兵器支廠からなり、敷地は三五万坪にも及んでいた。

第二次大戦終結後、占領軍の駐屯地として接収されたが返還後は民有地に払い下げられ、現在、京都教育大学・龍谷大学・国立京都病院などが建てられている。

葬儀

荻田常三郎の墜落死は、京都飛行後援会から電報で八日市町に知らされた。第一報では重傷という内容になっていた。二報で即死が確認されると、町では町議会議員の臨時協議会が開かれ、とりあえず見舞金一〇〇円の支出を決議した。横畑耕夫町長と県会議員の河村平兵衛が町民を代表し、弔問のために京都へ急行した。

荻田の郷里、八木荘村に住む母親のひさへは妻あいから、「常三郎危篤すぐ来い」の電報が届いた。ひさが驚いて京都にむかうべく家を出ると、愛知川の町では「即死」の号外が配られており、能登川駅には惨死の大掲示が張り出されていた。ひさの憔悴《しょうすい》ぶりははた目にも気の毒だったという。

荻田常三郎・大橋繁治の葬列を送る人々（『歴史写真 大正４年２月号』より）

荻田は、大正二年九月フランスへ留学するまえに、公正証書による遺言状をつくっていた。全部で一一か条あり、不動産の処分や店員への措置などとともに、第九条に「自分が死んでも、家から葬式を出さないように」という内容があった。

そのため、一月四日に親族知己のみによる密葬が行われた。母ひさは、「常三郎、常三郎」と名前をよびつづけ、出棺のときには一目息子の顔が見たいと、白い包帯で包まれた遺体に取りすがって離れなかった。荻田・大橋二人の遺体は火葬に付された。荻田常三郎は本願寺から「願」の院号と法名「釈超流」を特別授与された。大橋助手は「釈度浄」の法名を得た。

一月九日、京都飛行後援会の会葬が建仁寺《けんにんじ》横の広場で行われた。

午後一時三〇分、葬列が荻田邸を出た。位牌を嗣子の求《もと》馬《め》が持ち、第一回民間飛行大会の賞牌や多数の花輪のほかに、事故で焼け焦げたプロペラ・ハンドルなども捧げ持たれた。葬列には軍人二〇〇〇人をはじめ在郷軍人たちも正装で参列した。

道々の見送りの人波は物凄く、会場の建仁寺付近では身動きもできない状況であった。帝国飛行協会会長の大隈重信《おおくましげのぶ》伯爵、井上密《いのうえひそか》京都市長らが弔辞を捧げた。

母のひさは気丈にも、「いよいよ東京に向かおうという準備飛行で倒れた当人の無念、私の残念をお察しください。あの機械に、二、三千円もかけると元々とおり使えると伊崎（助手）が申しますから、一つ常三郎の志しをついで存分にやって下さい。」と、周囲の人に語っていた（以上、大正四年一月八、九日付「大阪朝日新聞京都附録」）。

荻田常三郎の遺骨は、西大谷本廟《ほんびょう》と八木荘村島川の願正寺に分骨され納められた。大橋助手については、大正四年七月、遺族や親族によって、大阪天王寺公園に記念碑が建立された。京都師団長長岡外史の揮毫《きごう》により、つぎの歌が刻まれた。

天かけるみちにつくしし友ひとの
　ほまれもながく世にそ残らん

この記念碑は、第二次大戦の爆撃で破壊されたものか、現在では残されていない。

第3章

第二翦風号の誕生

飛行学校設立をめぐる反響

なくてはならない飛行士、そして飛行機を失った八日市町長・横畑耕夫、そして翦風飛行学校設立期成同盟会の受けた衝撃はいかに大きかったことか。しかし、八日市町は事故前年（大正三年末）から飛行学校付属飛行場用地の買収事業を進めていた。

事故後の一月一三日、翦風飛行学校設立期成同盟会は会合をもち、翦風飛行学校付属飛行場の継続を決定している。

大正四年一月一七日付「大阪朝日新聞京都附録」につぎのような記事がある。

（一月）十三日、飛行場事務所において飛行場計画委員全部会合の上、現今買収地十五万坪以外に、なお買収の件を決議し、益々その歩を進めつつあり。

当時、前年の翦風号飛行大会に大きく寄与した青年・熊木九兵衛は飛行機に関する知識が皆無というなかで、機体再建に取り組む決意を示していた。また、荻田常三郎の助手には伊崎省三という青年が健在であり、彼も熊木九兵衛の翦風号再建に協力する意思を示していた。前述したように、飛行場用地として一五万坪が買収済みであった（前掲記事）。

飛行学校設立期成同盟会としては後に引けない事情があり、また、前途に控える大きな困難を予想することができなかったのであろう。

私は、中川三治郎さんから翦風飛行学校事務所宛に届いた数枚の手紙・ハガキのコピーをいただいているので一部紹介する。

最初は翦風号墜落以前、大正三年（一九一四）一一月二九日付の書状である。

拝啓　自家秋冷の候に御座候。さて、本日、大阪毎日新聞登載に係わり翦風飛行学校設立致され候由。小生儀、将来飛行家たらんと目的に之有り候故、貴学校設立せらるるは小生に対しては将来の目的に一点の光明を認めたるが如くこれ有り候ゆえ、小生の意を諒とせられ規則書御送付け下され度く、茲《ここ》に弐銭切手封入致し置き候故、規則書御送付け下され度く此の段願奉り候也。

以上は「羅紗《らしゃ》裏地綿布及洋服卸商・福井彌助《ふくいやすけ》」と印刷された便箋一枚に墨書されたもので、末尾に「達三郎」と記されている。

つぎは、大正四年（一九一五）一月五日に長野県下伊那《しもいな》郡飯田《いいだ》町（現、飯田市）で投函されたハガキである。

私義、以前カラ飛行機ニ成テ見タイト思テイマシタラ一月五日新聞ニ滋賀縣□飛行きニ熱心ニ、上テイルヨーデスガ私モ一ツ、ヤテ見ヨト思ヒマスカラゼヒ　イカガデショー

差出人は、林忠七《はやしちゅうしち》（一八歳）とある。

ハガキ投函の前日に荻田常三郎は墜死しているが、まだその情報が長野県には届いていなかったようである。

もう一通、大正四年一月一〇日の消印が押されたハガキがある。滋賀県神崎郡八日市町沖野原・翦風飛行学校御中宛で、差出人は「広島市元柳《もとやなぎ》・井原利吉《いはらりきち》」とある。

拝啓　時下冬風の候と相成り候　御□下様には無事に御座候や　小生本航空界中御地に飛行学校設立よし候が今回　荻田君の死にせつして此れ中止又やはり行業致されしや。ちっと御うかがい申上候　失礼ながら御返事下されたく候也

この文面でわかるように、翦風号の墜落と荻田飛行士・大橋助手の死亡のニュースは一月一〇日ころには全国的に報道されていたようである。そして、翦風飛行学校の設立事業は全国的なニュースであったこともわかる。

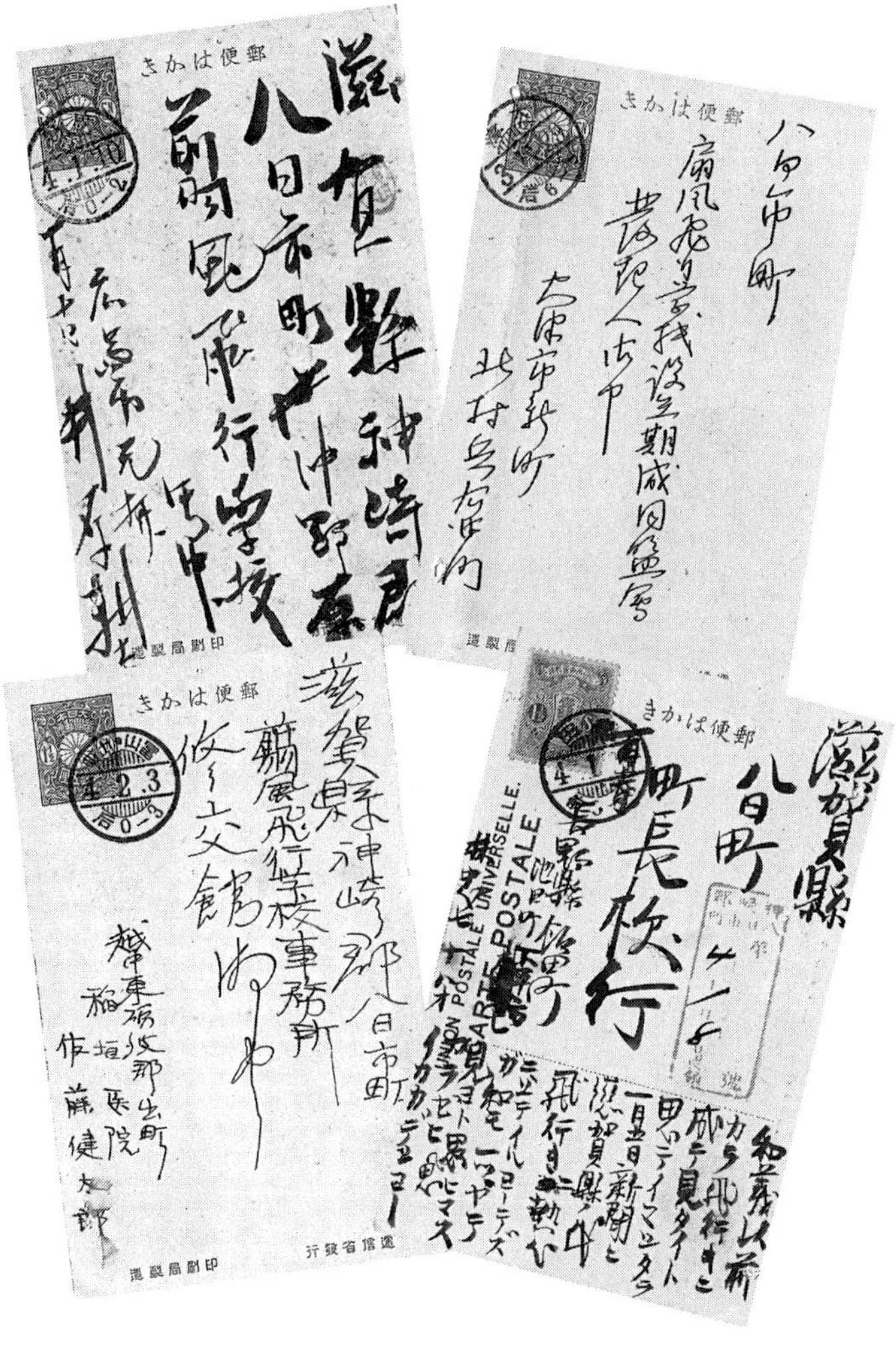

鵬風飛行学校事務所宛てに全国の若者から届いた手紙

手紙・ハガキの宛名となっている翦風飛行学校事務所は、先にも述べたとおり、当時の町役場に併設された修交館にあった。熊木九兵衛が修復に取り組んでいた第二翦風号の機体骨格が出来上がった際の写真が残されており、修交館門柱（左側）に「翦風飛行学校」と墨書された大きな標札がかかっている。

修復に着手

昨年の荻田常三郎の飛行会で、八日市町は文字どおり町始まって以来の人出を経験した。市場町を標榜する八日市町当局が、飛行機なり飛行場なりを「町おこし」の強力な材料にしようと考えたのはごく当前のことである。そして、荻田常三郎を失っても熊木九兵衛や伊崎省三がいるので、帝国飛行協会に働きかければ事業実現は可能であろうとの期待が強かったものと思われる。

前節の一月一七日付け記事中に「飛行場事務所」とあるが、これは事務所が沖野ケ原に存在したという意味ではなく、翦風飛行学校設立既成同盟会事務所の置かれている修交館を指したものであろう。

いっぽう京都では、二月一日から四条高倉の大丸呉服店（現在の大丸百貨店）三階で焼けただれた墜落当時の翦風号が展示され、あらためて人々の涙をさそっていた。

二月七日午後三時からは、知恩院本堂で荻田・大橋両者の追悼法要が営まれ、引き続き円山で小宴が持たれた。このとき、鷯風号や同飛行学校・飛行場問題についての善後策が協議された。

京都飛行後会は鷯風号修復には関与せず、熊木九兵衛と荻田常三郎の助手伊崎省三が鷯風号の改修復元を図ることが決められた。両人から積極的な意志表示があったものと思われる。荻田家も「両氏にいっさいをお任せする」と表明した。ただし、この「お任せする」ことの内容が明確でなかったために、のちに改修なった第二鷯風号の所有権を巡って熊木と伊崎が裁判で争うことになる。

とにかく、このときはモラーヌ・ソルニエー機の設計図があった上に、プロペラは荻田常三郎が生前に大阪の森薄板製造所に注文してあり、翼布も二機分が残されているなど、改修にとっては都合のよい条件が整っていた。

とくに問題の発動機については、帝国飛行協会が調査した段階では「クランクシャフトが歪《ゆが》んでいるから修理は無理」ということであったが、クランクシャフトやシリンダーの予備品も荻田常三郎の倉庫に残っているのが見付かり、大阪の島津工場で二か月あれば元通り改修できる見込みがついた。これらは、前年五月の民間飛行大会での不時着による故障修理のためフランスから取り寄せてあった予備品であった（大正四年二月二二日付「大阪朝日新聞」）。

島津工場というのは、社主が島津楢蔵《ならぞう》で大阪市東区平野《ひらの》町に工場を置いていた。明治四一年にはオートバイの発動機を製作しており、少し後のことであるが大正五年には帝国飛行協会主催の飛行機用発動機の製作懸賞募集で第一位に入選するなど、当時、発動機部門ではわが国のトップ企業であった。

大正四年二月二二日付「大阪朝日新聞」は、また、つぎのように報道している。

いよいよ、来たる四月一日江州八日市の新飛行場で、第二翦風号の起工式を挙げることとなった。これと共に篤志な飛行志願家が現れた。それは荻田氏の戦友で同じ予備歩兵少尉の熊木九平（兵衛）氏。彼は荻田氏と同郷の八日市の人で、八日市沖野ケ原に設けようとする故人の素志、翦風飛行学校の設立にも大いに奔走をした人である。

第二翦風号の再興は、同氏と伊崎助手の二人によって成されるので、翦風号の残骸は、荻田氏の遺族から両氏に任されることとなった。

こうして、発動機は大阪で、機体の方は八日市の修交館で修理・復元されることになった。修理に先立ち、翦風号の残骸は八日市に運ばれ修交館に陳列されて一般の観覧に供された。

飛行学校も一応形の上ではスタートしたものとみえ、当時の新聞に「飛行学校の生徒は、故人の遺志を継ぐべき熊木少尉・伊崎助手を始めその他三名」という記事が見える。熊木九兵衛

翦風飛行学校の門柱に立て掛けられた第二翦風号の主翼の骨格（当時の絵はがき）
左の門柱に「翦風飛行学校」、右の門柱に「滋賀県神崎郡八日市町役場」とある。

は単に翦風号の修復作業に従事するだけでなく、自らも飛行家になることを志したのである。

「第二翦風号」という名称は、すでに大正四年二月二三日付の新聞に登場している。このことから、改修復元当初から一般的に第二翦風号の呼び名が使われていたものと思われる。

作業は順調にすすみ、荻田常三郎の百日忌にあたる四月一四日には早くも両翼の組み立てが完了した。

翼の材料は、プロペラの製造を注文していた森薄板製造所から取り寄せたもので、主骨は北海道産のトネリコ、桁はシラカバ、中骨はアメリカマツが使われた。プロペラはクルミの薄板五枚を貼り合わせたものであった。いずれも日本産の材料である。

機体の一部にいくつかの工夫が施された。まず、ガソリン・タンクと脚の位置を従来のものとは少し変更し、もし飛行機が墜落しても機脚がガソリン・タンクを突き破らないようにした。また、機体が逆立ちしたとき、ハンドルに顔を打ち付けないよう座席の周囲に空気入りのタイヤをとりつけた。

いずれも荻田常三郎の遭難の経験を生かしたものであった。

胴体の組み立ては四月二〇日ころから着手し、その後、機体に布を張り機脚をつけ、モーターも六月中には取り付けて修復を終わる計画になっていた。

復元作業に従事したのは熊木九兵衛・伊崎省三が中心人物であるが、ほかに伊崎が誘った平岡達蔵という青年もいた。四月二八日付「大阪時事新報」にはつぎのような記事がある。

京都の飛行家、故荻田常三郎氏生前の企画になる翦風飛行学校設立のことは、以前荻田氏の助手たりし伊崎省三氏が故人の意志を継ぎ、江州八日市に翦風飛行学校を設立し、同校仮工場に於いて目下第二翦風号の起工着手中なるが、発動機は大阪島津工場に於いて第一翦風号のものを修繕中なれば五月中旬頃には完成すべく。

これに関連して京都五条坂三丁目平岡利兵衛氏の甥の平岡達蔵氏（二一歳）は、前記伊崎氏と竹馬の友たる縁故にて八日市に赴き、第二翦風号新助手として職工同様に機の組み立て等に従事し居りしが、今回大津連隊区司令官より徴兵猶予の特典に接したるを以て、同

鷏風飛行学校前での第二鷏風号の主翼組み立て

骨組みをすませた第二鷏風号の前で、岩名練習生（上段左）、中村練習生（上段右）、熊木九兵衛（中段左）、伊崎省三（中段右）、西口練習生（下段左）、中原練習生（下段右）
（２点とも日本飛行研究会発行『飛行少年　第１巻第８号』より）

修復途中の第二翦風号
背後の門柱に「翦風飛行学校」の看板が掛けられている。

主翼が取り付けられた第二翦風号（２点とも吉田与志也氏所蔵）

現在の八日市コミュニティセンター付近
大正時代には、町役場や修交館があった。

氏はいよいよ飛行界に身を投ずることに決し、都合によりては洋行して飛行の研究をも為すべしと。

なお、この記事では伊崎省三を荻田常三郎の後継者としているが、別の新聞は熊木九兵衛を後継者としている。熊木と伊崎との間で、どちらがリーダーシップをとるのかが明確になっていなかったためと思われる。

飛行場の整備

飛行場用地の確保については、八日市町を中心にさまざまな取り組みがなされた。

三月二四日、八日市小学校の全児童による敷地内の石拾いが行われた。これは、近日京都の小畑常次郎《おばたつねじろう》により飛行場の地均《じなら》し工事が行われるので、それに備えたものであった。

四月七日には正午から修交館で議員協議会が開かれ、飛行場用地二万五〇〇〇坪の買収がきめられ、飛行場地均しのための工事費一万円の支出が決定された。その支出方法は町議会議員が連帯責任で銀行から一時借り入れをするというものであった。

土地買収委員も強化され、字沖野に隣接する梅ケ原・正覚・沖・宮原・神山・狐塚など三万三〇〇〇坪余りが買収された。このとき、熊木九兵衛は自己所有の山林約七〇〇〇坪を安価に提供したという。

大正四年（一九一五）三月までにはすべての用地買収が終わり、四月一九日に「飛行場地鎮祭」が行われた。

四月一八日夜の飛行場地鎮祭執行を主題とする「協議会要項」によれば、午後七時に開会され一一時の散会となった。

当夜の出席者は町長をはじめ出席者九名。この要項では地鎮祭開催時刻を午後一時とし、供物の内容や神職が居松米蔵《いまつよねぞう》であることが記され、来賓として県・郡および町議会議員、各字区長らを招くことになっている。来賓者のなかに「飛行家」という文字が記されているが、それは誰であるのか不明である。

地鎮祭を終え、間もなく京都の小畑常次郎によって整地工事をはじめられた。

「民間航空発祥之地」碑の建つ千葉市稲毛海岸にしろ、あるいは東京都の羽田海岸にしろ、民間飛行場開設工事のための地鎮祭は行われていない。もちろん、まともな工事も実施されていない。民間飛行場をつくることを目的として、地鎮祭を実施し工事をおこなった八日市飛行場は、そのことによって正真正銘の日本における民間飛行場発祥の地と呼ぶことができるのである。

なお、千葉県稲毛《いなげ》図書刊行会による『日本民間航空通史』（平成一五年刊行）第二節冒頭に、つぎのような記述があるので紹介しておきたい。

大正元年（一九一二）秋に、伊藤音次郎《いとうおとじろう》一等飛行操縦士が、東京湾に面した千葉県稲毛海岸が干潮時に広大な面積になることに目をつけ、ここにわが国最初の飛行研究所（民間航空訓練所）を開設し、多くの鳥人を育てた。これが日本における民間飛行士養成のはじまりで、現在千葉市・稲毛中央公園に「民間航空発祥之地」の記念碑が建立されているのは、この由縁である。そのころ、民間人で広大な土地を購入するなどの資金はなかったから、このように海岸の水が引いて固くなった砂地を利用するほか無かったのである。こうして民間の飛行家たちが自作の飛行機を製作して飛行したり、飛行技術を教える飛行学校が次々とできるようになったので、同志により「帝国飛行協会」が設立されたのである。

引用した文中に「飛行学校が次々とできるようになった」とあるが、年表を調べるかぎり、大正五年（一九一六）五月、弟の藤一郎《とういちろう》とともに「日本のライト兄弟」と呼ばれた玉井清太郎《たまいせいたろう》が「東京羽田に日本飛行学校を開校。これが羽田飛行場の起源となる」との記載があるが、そのほかの飛行学校設立の記事はない。「次々とできる」は言い過ぎであろう。

とにかく、当時の八日市町役場は、数少ない民間飛行学校についての情報などを得ながら取り組みを進めていたものと考えられる。

しかし、一時に多額の経費を要する事業だけに、神崎郡役所の平塚分四郎《ひらつかぶんしろう》郡長から財源支出方法などについて、町長あてに照会があった。

これに対する五月八日付の町長の回答書は、次の三点をあげていた。
①共有原野一万坪のところへ、さらに三万五〇〇〇坪の個人有林野を買収する。
②買収資金三〇〇〇円は町費支弁とする。
③整地費・格納庫建築費は後援会その他の寄付金をあてる。
しかし、平塚郡長は飛行場開墾中止の要望を出し、もし実施する場合は条件として、町長・議員の個人資格による借り入れで対応すべきである、という指導を行った。町費による飛行場開墾については町民からも納税難を理由に反対の声があがった。

そのため、五月二三日の議員全員協議会でつぎのことが決められた。
①町長および議員全員協議会で八日市飛行場期成同盟会を興す。
②三年間に、町長および議員全員が五〇〇円の寄付をする。
③所要経費七五〇〇円を、町長・町議会議員の個人名による連帯責任として借り入れ調達する。
これら八日市飛行場の拡張・造成の経過に関しては、『蒲生野《がもうの》』第一八号（八日市郷土文化研

究会刊）の福原進《ふくはらすすむ》「八日市飛行場沿革史・六」に詳しい。

四月二〇日には京都の小畑常次郎と八日市飛行場既成同盟会長横畑耕夫との間で「八日市飛行場建設工事請負契約書」（福原進家文書）が締結された。

小畑常次郎は京都の土建業者で、大正三年二月から飛行将校井上中尉の協力を得つつ、伏見丹波橋の近くでモーリス・ファルマン式飛行機を製作中であった。そして職工延べ五四〇人余の手間を費やし、このころようやく完成に近づきつつあった。

同機はほとんどが伏見の飛行機製造現場で作られたもので、車輪・翼布・ゴム類を日本自動車会社から、またプロペラを帝国飛行協会から取り寄せたのみであった。エンジンは岸式七〇馬力のものを採用する予定であるが、安定性に欠ける点が懸念されていた。

しかし、その完成も間近で、彼は新鋭機の飛行場として八日市町沖野ケ原の使用を望んでいたのである。八日市町は飛行場使用の交換条件として、小畑に飛行場整備を請け負わせたわけである。

契約の概要は、つぎのとおりである。

①工事請負金の支払いを受けたときは、その中から五〇〇円を八日市飛行場期成同盟会に寄付する。

②地均し工事が終わった段階で、飛行機格納庫を小畑の負担で建設する。

③格納庫は、飛行後援会設立後適当な時期に実費で同会が買収する。

四月二三日には八日市町や御園・玉緒・中野の各村代表さらに大字金屋《かなや》の立ち会いによる飛行場用地の実地調査が行われた。

六月には、先の全員協議会決定のとおり新たに「八日市飛行場期成同盟会」が設立された。その設立趣意書や会則を読むと、やむを得ないことではあるが、荻田常三郎が活躍していた前年の「翦風飛行学校設立趣意書」からかなり後退し規模縮小が図られている。

会則第一条には「民間飛行家の練習研鑽の用に供する目的を以て、滋賀県八日市町沖野原に飛行場を新設し、其の完成を期す」とあって、まず会の目的が「飛行場の新設」に限定された。会長には第三条により「八日市町長を以て之に充《あ》つ」ことになった。翦風飛行学校設立期成同盟会のときは、滋賀県知事を会長にあてることになっていた。

会員の寄付額も引き下げられた。名誉会員は五〇〇円以上、特別会員は一〇〇円以上、正会員は三〇円以上、賛助会員は一〇円以上をそれぞれ寄付した者となった。「名誉会員一万円以上の寄付」という当初の会則とは、雲泥の差である。

事業に要する総予算も三〇万円から三万円へと一〇分の一に萎《しぼ》んだ。それでも荻田を失い、帝国飛行協会の積極的な協力も得られない八日市町としては精一杯の取り組みであったというべきだろう。

趣意書はつぎのような一文で締めくくられている。

八日市町は故荻田氏の壮図《そうと》に賛したる意志は、終始一貫、毫《すこし》も変せず、時あたかも千載一遇の御大典祝賀紀念として鋭意飛行場の完成を期し、いささか国家に資する所あらんとす。

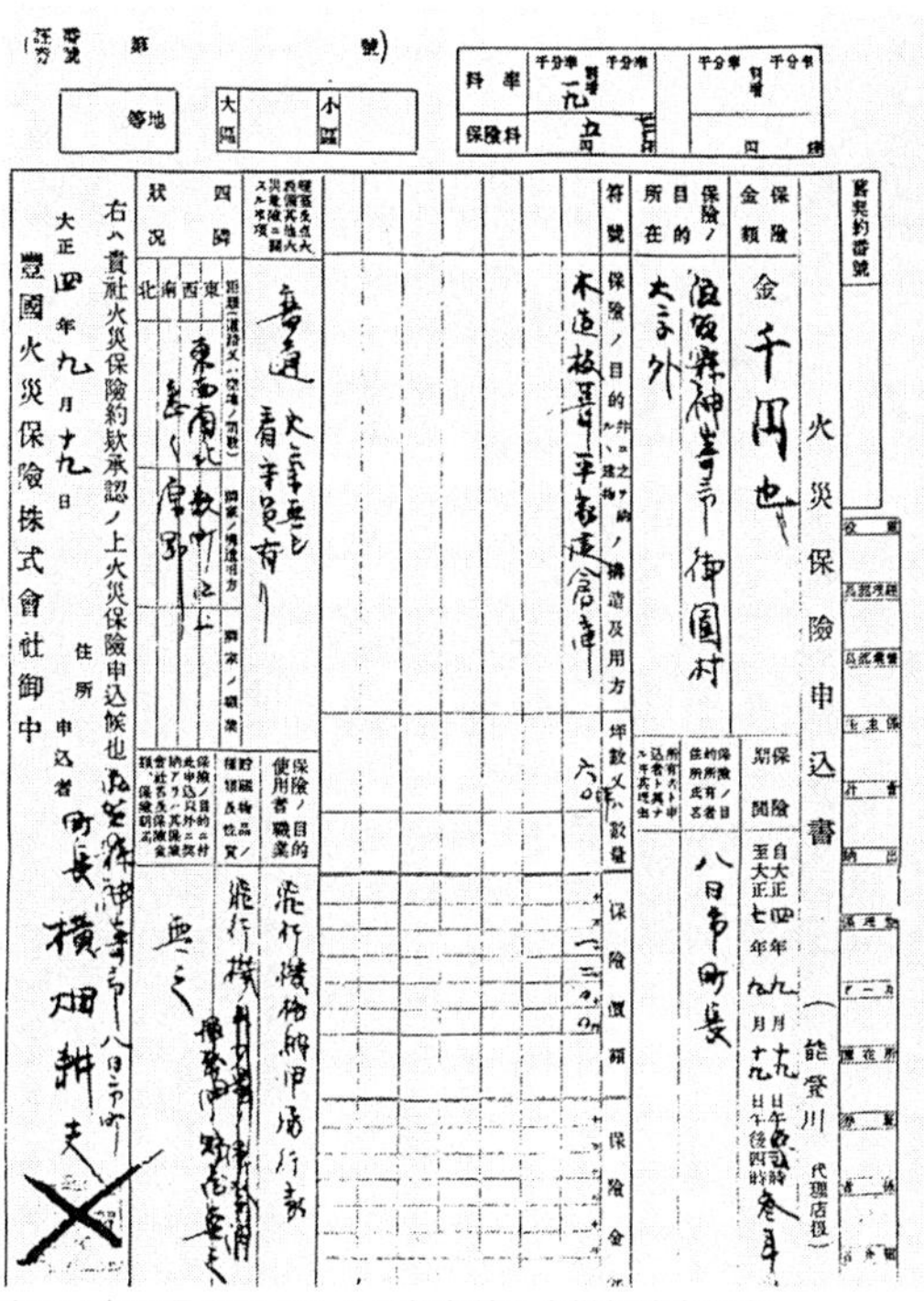
火災保険申込書

保険金額　金千円也

保険ノ目的所在　滋賀県神崎郡御園村大字外

保険ノ目的　木造板葺平屋建倉庫

保険期間　自大正四年九月十九日　至大正七年九月十九日

所有者　八日市町長

保険ノ目的　飛行機格納庫

右ハ貴社火災保険約款承認ノ上火災保険申込候也

大正四年九月十九日

住所　滋賀県神崎郡八日市町

申込者　町長　横畑耕夫

豊國火災保険株式會社御中

大正4年9月19日から3か年有効の火災保険申込書
（福原進氏所蔵）
「木造板葺平屋建倉庫」となっている。小畑常次郎により飛行場が整地されたとき、建設された格納庫であろう。計画では2棟を3000円で建設することになっていた。

若《も》しそれ其の詳細に至ては会則の条章に譲らん。こひねがはくば憂国任侠《にんきょう》の志士は奮《ふるっ》て御賛同の栄を賜はらんことを。

事業予算のおもな内容を見ると、つぎのとおりである。飛行機格納庫や来賓館も建てることになっている。

飛行場敷地買い入れ費	六五〇〇〇円	来賓館	二〇〇〇〇円
開墾・地均し・立木補償費	一二五〇〇〇円	創業費	一〇〇〇〇円
飛行機格納庫二棟	三〇〇〇〇円	その他	三〇〇〇〇円
飛行機修繕室・事務室各一棟	二〇〇〇〇円	合　計	三〇〇〇〇〇円

飛行機格納庫については、和紙に五〇分の一の縮尺で描かれた「第二鶲風号格納庫及び付属家平面図」が見つかった。この資料を保存されていたのは広島信子《ひろしまのぶこ》さん（八日市町）で、広島家は熊木九兵衛の妹、すての嫁ぎ先である。同家には九兵衛の弟である有七郎《ゆうしちろう》が生前身を寄せており、有七郎の遺した持ち物の中からこれらの資料が見つかった。

図面は、縦四四センチメートル、横七三センチメートルの和紙三枚に平面図・正面図・小屋組平面図（各縮尺五〇分の一）が描かれている。

これによると、格納庫は間口八間（一四・五メートル）・奥行七間（一二・七メートル）・建坪

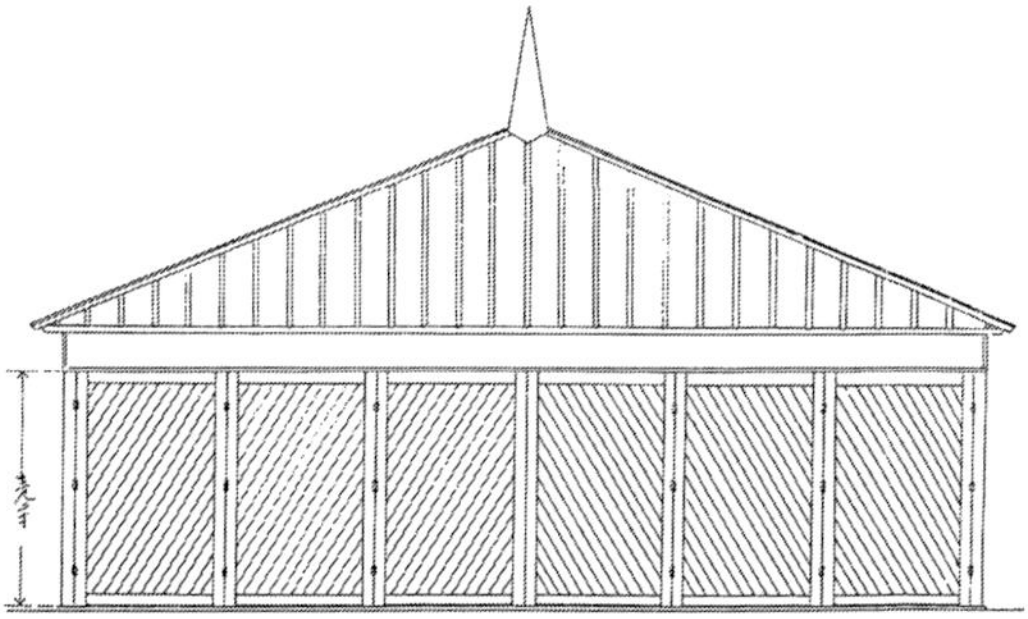

格納庫正面図

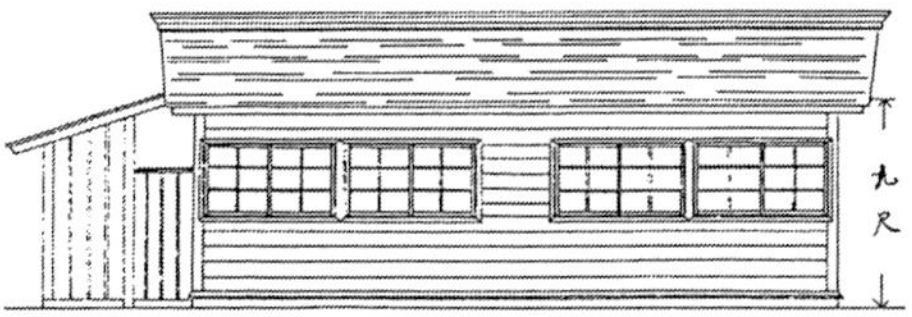

事務所西側設計図

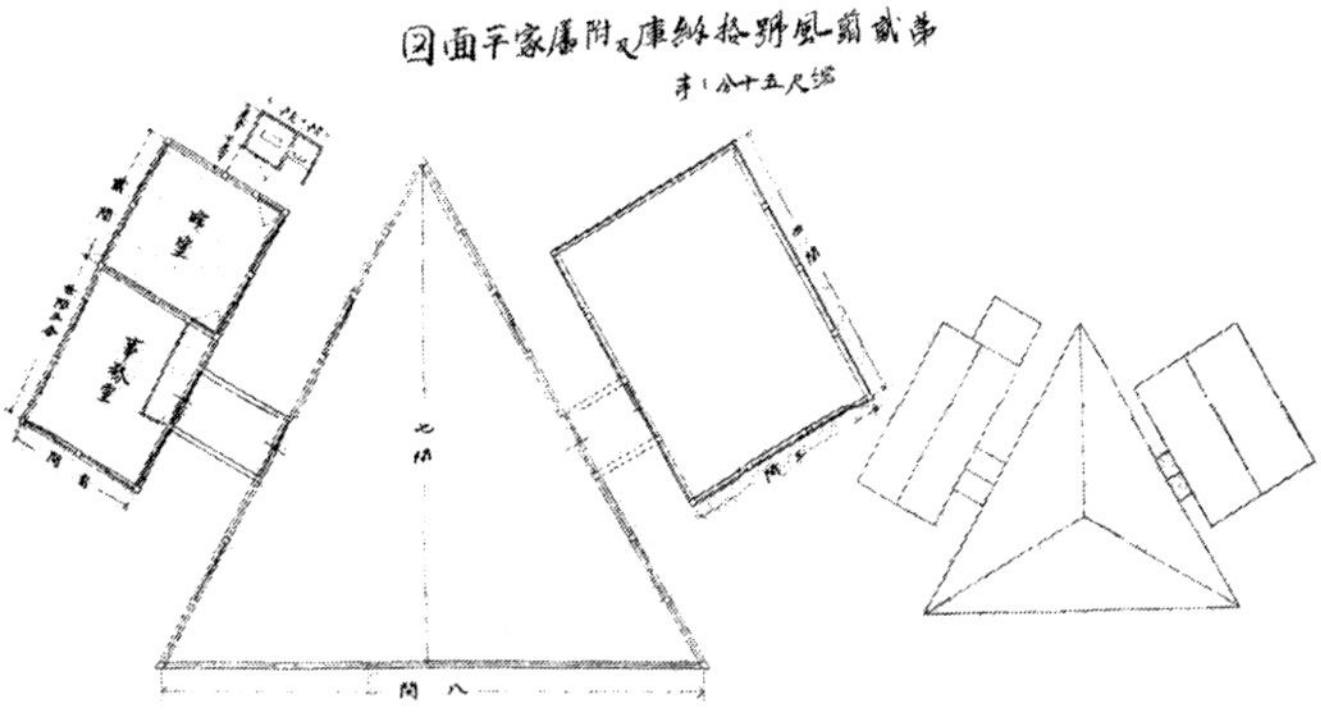

第二翦風号格納庫及び付属家平面図（３点とも広島信子氏所蔵）
三角形をした格納庫を中心に事務所と工場が付設されているが、
実際にこの設計図によって建設されたかどうかは不明である。

九二・五平方メートルで上から見ると三角形をしている。入り口は二つに分かれた三連式の折り畳み扉になっており、三角形の二辺にあたる壁にはそれぞれ窓が二つずつ付いている。格納庫の屋根の突端には一・七五メートルの尖った塔が付いていた。格納庫の左辺には二六・六平方メートル（七・四×三・六メートル）の事務棟があり事務室と寝室に区分されている。右辺には三九・四平方メートル（七・二×五・五メートル）の工場棟があって、事務棟・工場棟はそれぞれ短い渡り廊下で格納庫につながっている。

格納庫の面積は意外に小さいが、第二鷬風号は翼幅八・八メートル・全長五・三メートルであり、一機を格納するだけであるから、これで十分であった。格納庫が三角形になっているのは、飛行機の形に合わせて合理的なものにしたものらしい。

しかし、実際にこの設計図に基づいて格納庫などが建設されたかどうかは不明である。

飛行場の範囲

現在、八日市コミュニティーセンターが建つ場所は、かつての修交館があったところで、八日市町役場とともに鷬風飛行学校の事務局が置かれていた。

ここで改めて、大正三年（一九一四）一月二二日、実際に鷬風号が飛び立ったのは「沖野ヶ原」のどの辺りであったのか。また、八日市町が総力をあげて民間飛行場建設に取り組んだのはどこであったのか、考えてみたい。これまでは、わずかに『近江神崎郡志稿』に第三飛行聯隊当時の飛行場の輪郭と「旧沖野原飛行場」の輪郭を示した図（四〇ページ下の図参照）があったのみで、小字や地籍からの考察はなされたことがなかったからである。

かつて私は、航空資料保存会所蔵の「土地買収ニ係ル書類綴」を中川三治郎さんに見せていただいたことがある。「八日市町役場」と印刷された罫紙七枚に、荻田常三郎の飛行後、飛行場用地などの買収に備え、当時の用地買収対象地が地籍から所有者名まで一筆一筆こまかく記載されていた。

「土地買収ニ係ル書類綴」は、八日市町役場が編冊したものである。最初のページにつぎの記載がある。

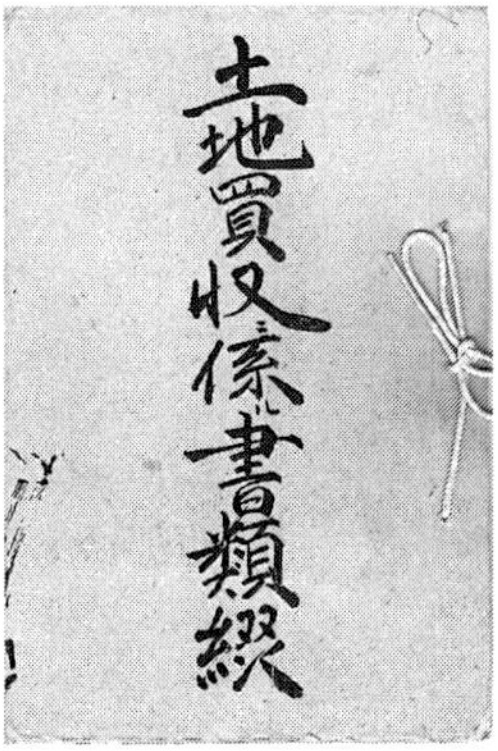
「土地買収ニ係ル書類綴」

大正三年十一月三日午後七時ヨリ修交館ニ於テ飛行機学校設立ノ件ニ付協議会開催セラル

出席者は、横畑町長、福原《ふくはら》四郎《しろう》、熊木九兵衛、出目《でめ》房吉《ふさきち》ら一四名であった。そして、「飛行機学校設立ニ付、土地提供ノ件」を満場一致で決定した。つづいて「土地買収委員」の選考が行われた。その結果、委員長に横畑町長が就任し、委員に山本喜三郎《やまもときさぶろう》・福原四郎・小澤安太郎《やすたろう》・小澤彦治郎《ひこじろう》・村山磯吉《むらやまいそきち》・山田徳兵衛《やまだとくべえ》の六名が選ばれた。

この「綴」には、買収予定地が克明に列記されていて、これらを小字《こあざ》別にまとめると、つぎのとおりである。

字「梅ケ原《むめがはら》」が四七筆で約六町七反、所有者は三六人。
字「正覚《しょかく》」が六筆で約一町一反、所有者は五人。
字「宮《みや》」(宮ケ原)が七筆で約一町九反、所有者は三人。
字「神山《かみやま》」が四筆で約四反、所有者は四人。
字「沖《おき》」が三筆で約三反、所有者は三人。
字「狐塚《きつねつか》」が三筆で約二反、所有者は一人。

合計で、ほぼ、一〇町六反におよぶ。その六割を字「梅ヶ原」が占めている。したがって「沖野ヶ原飛行場」の中心部は字「梅ヶ原」であったと考えられる。付記された書き込みによると、畑地一反七〇円(上等九〇円、下等五〇円)、山林一反三〇円だったとわかる。もっとも畑地は「狐塚」と「梅ケ原」などの八筆六反弱にすぎない。すでに畑地として開墾されていた部分は除かれていたのであろう。

このとき、金屋の資産家「油九」こと熊木九兵衛が沖野ヶ原に所有していた広い土地を、飛行場用地として提供したと伝えられている。この「土地買収ニ係ル書類綴」によれば、熊木九兵衛は「梅ケ原」の山林二町二反余の買収に応じたことが判明している。当初の飛行場用地全面積の約二割を提供したわけである。

この「綴」は大正四年（一九一五）五月二八日に飛行場委員が修交館に集合したとき、その他の関係書類とともに四名（福原・藤原、小澤・山田）の「飛行委員」に引き継がれた。このときには、ほぼすべての買収対象地の買収が完了した旨のチェックが付いている。これら民間飛行場用地の範囲についての考察は、第八章で改めて触れたい。

資産を手放した熊木九兵衛

大正四年六月一〇日前後には、各新聞紙上で翦風号の復活が報道されている。

たとえば『大坂新報』（六月一二日付）では、「復活せる翦風号」と大見出しをつけ、そのあとに「活気立てる八日市飛行場、御大典前に京都に飛ばん」のサブタイトルをつけて、つぎのように報じている。

滋賀県八日市町の民間大飛行場設立は、その当時、帝国飛行協会と同町との間に交渉まとまらざるものありしが、去る一月三日、荻田常三郎氏が壮烈の最後を遂げたりしより、同町民は大いに感奮する処あり、断乎として町営を決議するとともに、一三名の町会議員は全部委員となり、着々歩を進めたる結果、諸事予定のごとくに進捗し、三〇万坪の大飛行場はすでにその第一期計画たる七万五千坪の整理を完了したり。（中略）一方、荻田氏の常用翦風号の残骸は京都飛行後援会之が保管をなしつつありしが、荻田氏が生前の助手たりし伊崎省三氏より荻田氏の遺志が継ぎたき旨熱誠に申し込みありたれば、之を容《い》れ、同氏に交付する事とせり。

而して氏は二千五百円の予算を以て修繕に着手し、修繕工事を急ぎつつありしが、すでに骨格全部を終わり、いよいよ本月中旬までには全部修理完了し、発動機の到着を待つまでとなりたり。（以下略）

八日市町が取り組んだ飛行場の整備面積は四万五〇〇〇坪であったが、報道では七万五〇〇〇坪となっている。また、第二翦風号修復作業の中心人物として伊崎省三の名をあげているが、この点は前述しているように個々に異なっていて、実質的には熊木九兵衛の全面的なバックアップで作業がすすめられていたはずである。

「大阪朝日新聞京都附録」では六月一〇日付の紙面で「組み立てた翦風号、第一号より軽い」との見出しをつけ、修交館の前に置かれた第二翦風号の写真を掲載している。

同紙では、島津工場から発動機が送られてきたら、これを機体に取り付け、「飛行場の地均しも殆ど出来上がったから、すぐ滑走練習にかかる筈だと熊木・伊崎両氏とも力んでいる」と報道している。

また、大正天皇即位の大典（大正四年一一月一〇日）をお祝いする意味で、京都訪問飛行を試みたいと、熊木・伊崎が抱負を述べていることも紹介している。

新聞記事から修復のなった第二鷲風号の規模を紹介すると、つぎのとおりである。

総重量　一〇三貫（三八六キログラム）
胴の長さ　一七尺五寸（五・三メートル）
翼の長さ　一四尺五寸（四・三九メートル）
翼の幅　六尺一寸（一・八五メートル）
機体の高さ　五尺八寸（一・七六メートル）
最高速力　時速八〇哩《マイル》（一二九キロメートル）

これらは、ほとんどはじめの鷲風号と変わらないが、総重量で二割ほど軽量化され、機体が約一二センチメートル高くなった。

重量が軽くなった分だけガソリンを多く積めるようになった。そのため第一鷲風号の連続飛行時間は六時間であったが、第二鷲風号は七時間になった。

第二翦風号。写真で操縦席にいるのはフランク・チャンピオンか

大阪島津工場で修理中の翦風号の発動機は、予定より一か月遅れて七月中旬に完成した。

それまで第二翦風号は、とりあえず機体だけを京都岡崎動物園でテント張りの仮格納庫に展示していたが、二一日、修復なった発動機が動物園に届けられ、午後から園内事務所前で地上試験が行われた。その結果は良好で、発動機は七月二三日に機体に取り付けられた。

ちょうどその前日から、淳宮《あつのみや》・高松宮《たかまつのみや》両殿下が奈良から京都に行啓中であり、二三日には両殿下が岡崎動物園を訪問された。そして、一般展覧中の第二翦風号を見学された。説明役には、熊木九兵衛が当たった。

熊木・伊崎の二人はこの思いがけない光栄に感激し、すぐに鳥辺山《とりべやま》（京都市）の荻田常三郎の墓前に報告した。翦風号の修復はこうして進められたが、これら修復作業のための経費の出所は明確になっていない。伊崎省三・平岡達蔵・岩名政次郎らをはじめとする人件費はどうなっていたのか。機体を復元するためのもろもろの資材費はだれが賄ったのか。発動機修理代の支払いはどうなったのか。

八日市飛行場設立期成同盟会の予算内容にも、第二翦風号の修復経費は計上されていない。当時、八日市町は飛行場造成費の捻出に苦慮している状況であったから、町費で支弁できるはずがない。

結局、それらのほとんどを賄ったのは、油九の遺産を相続した熊木九兵衛であったものと思われる。

子どものころ家が油九の近くにあって、しばしば同家に遊びに行ったという奥村宇能《おくむらうの》さん（明治三六年生まれ）は、九兵衛の家にたえず数人の若者がごろごろしていたのを覚えておられる。その若者とは、おそらく翦風号修復作業に従事していた伊崎たちであったのだろう。彼らの食費・被服費さらに小遣い銭あたりまで、九兵衛の負担になっていたものと思われる。

さまざまな資材費も、島津工場への発動機修理費用支払いも、九兵衛が行っていたのであろう。

伊崎は翦風号修復作業の技術的な中心になっていた可能性はあるが、当時は未成年者であり、資金を調達できる立場にはなかった。

熊木九兵衛が飛行場拡張のときに自己所有の山林を安価に提供した話はよく伝わっている。

しかし、彼が実際に財産をつぎつぎと手放していったのは、このような翦風号修復作業やその後の著名な民間飛行家招聘のなかで生じたことであろう。

先代熊木九兵衛の尽力で、八日市に近江水力電気株式会社の電灯が灯ったのは明治四四年（一九一一）二月のことであった。以来、石油ランプから電灯に切り替える家が増えてきて、皮肉にも肝腎の油九の商売は振るわなくなっていた。そこへ主人の九兵衛が飛行機に打ち込んでいるのである。収入は細り、支出がどんどん増えていく。

九兵衛は、八〇余軒あったという借家を徐々に手放していくことになった。借家を売るとき、九兵衛は買い主を本膳でもてなし「家を買ってもらったお金は、飛行機のために使わせてもらいます」といちいち断っていたという。

それは買い主への断りであると同時に、ここまで財産を築きあげてきた祖先にたいする彼自身の申し開きであったのかも知れない。

小畑機の処女飛行

第二翦風号の完成がいつであったのかは、はっきりしない。八日市飛行通信社を主宰していた奥井仙蔵が、大正一一年（一九二二）に著した『八日市と飛行場』という小冊子には「大正四年四月一日改修起工、同年一二月二八日に全く竣成を告げた」と書かれている。

四月一日の起工は新聞にも報じられているが、竣工時期を明らかにした記事はない。

奥井仙蔵著『八日市と飛行場』

七月には京都の岡崎動物園で第二翦風号を展示しているので、その後手直し作業があったにせよ竣工の時期はもっと早かったのではないかと思われる。

修復作業を技術面でリードした伊崎省三は、大正四年九月一三日に歩兵第三八聯隊に入営している。このようなことから実質的な作業は、年末を待つまでに終了していると考えてよいのではないか。

しかし、機体にエンジンが取り付けられた第二翦風号でありながら、実質的にはだれ一人同機を操縦するものがない期間がつづいた。指導者がいない中では滑走訓練ですら不可能であったのだろう。この間、第二翦風号は分解して修交館などに保管されていたものと思われる。

平岡・井上ら第二翦風号の修復作業にたずさわってきた青年たちも、伊崎の入営とともに八日市を去っていった。岩名政次郎だけがそのまま残って、熊木九兵衛を引き続き助けることになった。

飛行場もある程度の整備は進んだが、帝国飛行協会による設置の期待は完全にはずれ、町による維持管理や今後の拡張についての展望はまったく成り立たなくなっていた。

「飛行機の飛ばない飛行場」でありながら支出ずみの造成費が町税に付加されそうになり、町民の中からは筵旗《むしろばた》を掲げんばかりの激しい反対の声が上がってきた。滋賀県の池松知事は「広い開墾地を放置するのは勿体ない、桑を植えたらどうか」という意見まで出してきた。

このようなことから町議会では、一〇月二四日の全員協議会で飛行場としての維持・整備を一時中止し、あらためて今後の時機を待つよう決定した。それまでの借入金や支出済金の処分についても協議され、すでに決められていたとおり、一二月一三日、町長および一五名の町議会議員が借入金の利息として計五〇〇円の寄付を行った。

そのころ前陸軍歩兵第一六師団長で帝国飛行協会会長の長岡外史が天皇即位式典に参列したのち、関西民間飛行界の状況を把握するため各地をまわっていた。八日市町へは、一一月二一日午後三時に到着し、すぐに飛行場と第二翦風号を視察、つづいて板屋で開かれた関係者との晩餐会に出席した。

彼は、その夜、熊木九兵衛宅に一泊し翌二二日午前一〇時八日市を離れた。

九兵衛は、長岡外史にたいして飛行学校指導者の紹介や修復された第二翦風号テスト飛行の件などについていろいろ懇願したことであろう。それにたいして長岡は、近日アメリカの民間飛行家チャールズ・ナイルスが来日することを彼に教えたのではないかと思われる。翌年実現したナイルスの八日市飛行場への招致には、このときの熊木九兵衛と長岡外史とのつながりが生かされた可能性が強い。

ところで、年も押し詰まった一二月一九、二〇日に八日市飛行場の整備を請け負っていた小畑常次郎のモーリス・ファルマン式複葉機の処女飛行が行われた。

小畑常次郎は、大正二年（一九一三）五月に武石が行った西宮・大阪・京都を結ぶ都市連絡飛行のさい、深草練兵場の設備工事を請け負ったことがきっかけで飛行家を志した男であった。

彼が一族に自分が飛行家になることを宣言すると、京都の俠客《きょうかく》として知られた父の岩次郎《いわじろう》は「国家のためということなら止めはしないが、家業を継がずほかの志しをもって走るものには、経済上の支援は一切しない。家も共に潰されては困るから勝手にやるならやるがよい」とほとんど勘当《かんどう》の状態だったという。

その後、小畑は井上飛行中尉の指導で飛行機の製作に取り掛かり、沖野ケ原を飛行場として使用する約束で造成工事を請け負っていたのであった。

一二月一九日、あいにく六〇センチメートル近い大雪であったが、飛行機を格納庫から引き出し発動試験。しかし、エンジンが発火せずこの日は飛行を中止。

翌二〇日は快晴で、朝から飛行機の点検が行われ、やがて井上飛行中尉操縦により積雪の中での滑走が試みられた。しかし、車輪が雪のなかにめり込んで速力がゆるみ、機体も左右に振られる有り様であった。

やむを得ず助手たちが滑走コースの除雪をはじめると、観衆も協力して雪を踏み固め、やがて幅一〇メートル長さ八〇メートルの滑走路が出来上がった。

ここで飛行機は滑走に成功し、太郎坊山《たろうぼうやま》に向かって飛びたったのち上空で左に大きな円を描きながら約三〇分間の飛行を行った。

このモ式複葉機は、設計図はフランスのものであるが材料調達と製作はすべて日本で行われ、わけてもエンジンは岸一太《きしかずた》博士の設計になるものであった。それだけに関係者の喜びは大きく、小畑常次郎をはじめ井上操縦士・発動機製作技師らは泣いて喜びあったという。

ついで小畑常次郎を乗せての飛行を行うことになり、第二回目の滑走に移った。しかし、今度は片方の車輪が雪に取られて急に機体の方向が変わり飛行機は雪原に突っ込んでしまった。そしてプロペラが大音響とともに破砕し、破片が左翼の一部を突き破り飛行不可能となった。もちろん、小畑常次郎の飛行会は中止になった。

この日、第二翦風号もいったん飛行場に運び込まれ、午前中に格納庫に収められたという記事が大正四年一二月二四日付の「大阪朝日新聞京都附録」に載っている。

第4章

チャールズ・ナイルス

テスト飛行の成功

大正四年（一九一五）一二月、アメリカ人の民間飛行家チャールズ・ナイルスが来日した。彼は、一八八八年（明治二一）ニューヨーク州ロチェスターの生まれで、機械技手などを経験したあと、二一歳のときトーマス兄弟の飛行練習所で操縦術を習った。サンフランシスコで開催されたパナマ太平洋博覧会の飛行会に登場、さまざまな曲芸飛行を披露して喝采を博し、「Do Anything Aviator（なんでもござれの飛行家）」との異名をとった。来日時は二六歳で、熊木九兵衛と同じ年である。

ナイルスの曲芸飛行
（当時の絵はがき）

日本国内におけるナイルスの飛行活動に備え、帝国飛行協会会長・長岡外史の肝煎りで「ナイルス飛行歓迎会」が結成された。そして一二月一一・一二日の青山外苑での飛行会を皮切りに、二五・二六日は福岡で、大正五年一月六・七日は熊本で、さらに一五・一六日には鳴尾競馬場で飛行会が催された。青山外苑での飛行会は、普通席一円・特等席五円の観覧料が必要であったが、飛行会は大成功で、宙返りや横転などナイルスの曲芸飛行に大きな声援がおくられた。

大正五年（一九一六）一月、ナイルスが鳴尾競馬場で飛行会を開催していたとき、熊木九兵衛は鳴尾に出掛けナイルスに出会って第二翦風号の試乗を依頼した。

九兵衛が世界的な飛行家に直接出会うことができた裏には、おそらく長岡外史の紹介があったものと思われる。ナイルスは、一月二五日に予定されている大阪城東練兵場での飛行会を終えたら、八日市を訪問して第二翦風号に試乗することを九兵衛に約束した。

この間の事情を語る資料として、近江八幡の建築家でキリスト教伝道者としても活動したウイリアム・メレル・ヴォーリズが、当時、自国の知人などに送付する目的で発行していた英文機関誌『THE OMI MUSTARD-SEED（近江の芥種《からしだね》）』がある。

ヴォーリズは明治三八年（一九〇五）に滋賀県立商業学校（現、八幡商業高等学校）の英語教師として来日したが、キリスト教の伝道活動を行ったため教職を解かれ、明治四三年（一九一〇）、ヴォーリズ合名会社（のちのヴォーリズ建築事務所）を設立、近江ミッション（のちの近江兄弟社）による滋賀県内各地への伝道も進めていた。『近江の芥種』から、第二翦風号に関係する部分をつぎに抜粋しよう。

私たちが新たに伝道の仕事をするようになった八日市では、田舎町には珍しく飛行術に対する地方独特の熱が高まっている。

数年前に裕福な若者たちのうちの一人（筆者注、荻田常三郎を指す）がフランスへ行き飛行術を学び、一機の単葉飛行機を持ち帰った。数回の飛行と演説ののち、彼は向こう見ずな飛行を行い、飛行機は大破し彼は命を失った。

その飛行機は日本で修復され、八日市の使われていない野原の近くの格納庫の中にしばらく置かれていた。そして、日本人の飛行家がそれを調査し、不備なものであると述べた。何人かの人々は、迷信深くなっていた。なぜならその飛行機は、一人の人間を殺していたからである。

最近ナイルス氏は、すばらしい飛行、例えばきりもみ降下・宙返り飛行などで東京や大阪の人々を驚かせていた。そして、八日市の飛行機の持ち主たちは、もしできるなら八日市の飛行機でそれを試みてほしい、と頼んだ（一九一六年三月号、村田淳子氏訳）。

これを見ると、第二翦風号は素人の手で修復されたものだけに安全性について疑問が持たれており、また荻田が墜落死した飛行機であるという縁起の悪さも手伝って、長いあいだ乗り手がなかったことを伺わせる。

そして、このような背景のなかで、熊木九兵衛はあえてナイルスに第二翦風号の試乗を頼んだのであった。

当時の八日市町議会議員・清水元治郎の日記にも、つぎのような記事がある。

第二翦風号は、昨年一月三日故荻田氏、深草原頭に悲惨の最後を遂げたる以来、その遺志を襲いける熊木九兵衛氏によって修理改作したるものなり。

過般来「ナ氏」は鳴尾及び大阪において宙返飛行をなしたる際、熊木氏会見、「ナ氏」の希望により無償貸与し試乗を依頼されたるに因《よ》り「ナ氏」は喜んで来町したるなり（一月二九日付「清水日記」）。

ナイルスの来町は熊木から横畑耕夫町長に伝えられ、町長は大正五年（一九一六）一月一九日に八日市選出の県会議員・郡会議員および町会議員を修交館に集め、「ナイルス氏飛行歓迎会」を組織した。翌二〇日は区長も集められ、歓迎方法が協議された。

ナイルスは、一月二九日一二時四九分に近江鉄道で八日市に到着した。彼は出町（現、栄町）の料理屋兼旅館、宮川楼《みやがわろう》で昼食をとったあと、飛行場へいって第二翦風号の機体点検を行った。彼は、翼を吊ったワイヤーの修理、牽引力のテストなどに三時間余を費やし、機体に欠陥のないことを確認して、五分間のテスト飛行を行った。

このときの状況を、清水元治郎は感激を込めてつぎのように日記に記している。

（ナイルスは）試験の結果、（機体に）欠点なきものと認め、ただちに飛行を断行せり。英姿雄々《おお》しく壮快を極めたり。

飛行時間、五時より同五分まで五分間。高度三百フィート（九〇メートル）ないし五百フィート（一五〇メートル）。飛行哩数《マイル》七哩半（一二キロメートル）。見事に離陸し空中滑走をなし、場の上空を二回旋回して見事着陸したり。

万歳の声、喝采の響き天地を震動せしむ（一月二九日付「清水日記」）。

もともと、この日の飛行は八日市町で組織した「ナイルス氏飛行歓迎会」とは直接関係なく、熊木個人とナイルスとの間で交わされたもので一般には秘密にされていた。それは、ナイルスがまだ第二翦風号を知らないので、もし飛行に失敗したら彼の名声に傷がつくとともに、第二翦風号の欠陥を指摘することにもなる、という配慮からであった。

しかし、ナイルスが第二翦風号に試乗することは口伝えに知れ渡り、周辺から数千の観衆が飛行場に詰め掛けていた。さいわいその日は八日市警察署の定期訓練の日で出勤した巡査全員が警護を行ったので、非常に静粛な雰囲気のなかで点検とテスト飛行が行われたのである。

「清水日記」にあるように、テスト飛行成功をみて沸き起こった万歳の歓声は、熊木九兵衛ら

八日市飛行場の第二翦風号の前で。左から吉田悦蔵、ナイルス、W.メレル・ヴォーリズ、メレルの父ジョン（提供：公益財団法人近江兄弟社）

が手探りで行った修復作業の成功を祝うものであった。一般観衆ですら大喝采をしたのであるから、当の九兵衛の感激のほどは想像するに難くない。

ナイルスの八日市来町中、横畑町長は、通訳を兼ねて賓客接待の相談役に近江八幡の吉田悦蔵《よしだえつぞう》を依頼していた。吉田はアメリカの聖書学院に留学した経験があり、英語が堪能でヴォーリズを助け宣教活動に従事していた。

横畑町長は、吉田悦蔵に「八日市には洋式のホテルがありません。ヴォーリズさんがナイルスへの宿を提供していただけるなら、近江鉄道が自動車を提供してくれるので、ナイルス氏も満足されるだろうし、われわれも安心です」と話をかけた。

ヴォーリズがそれを引き受けたので、結局ナイルスは八日市での飛行活動中、例外を除いてヴォーリズ宅またはその隣の吉田悦蔵宅（どちらも洋館）を宿舎としている（『近江の芥種』）。

二九日、第二翦風号のテスト飛行が成功したあと、熊木九兵衛・横畑町長その他の関係者がナイルスに会いたいと希望したが、ナイルスは吉田悦蔵とともにこっそりと近江八幡に去った。その夜、八日市では町議会議員らが熊木九兵衛・岩名助手および取材にきていた朝日・毎日などの新聞記者を招き宮川楼で晩餐会を開催した。

一月三〇日も、引き続き沖野ケ原の飛行場で機体点検と飛行試験が行われた。

ナイルスは大阪から飛行技師ウイルソンを呼び寄せ、午前一〇時から午後四時までぶっ通しに第二翦風号の綿密な機体点検を行った。

ナイルスは、前日のテストの成功で八日市・鳴尾間の飛行計画を胸に描き、三〇日の点検はその下準備の意味をもっていた。

当時の新聞には、その模様がつぎのように報じられている。

気流の悪い江州を一足飛びに、逢坂山《おうさかやま》（大津市と京都市の境にある山）の難険をかけやうといふのであるから、気にいった機体ではあるが十二分に調整しやうといふのだ。
技師と共に、ワイヤーリングロープを引いて見たり緩めて見たり、飯を食うことも忘れて一心不乱にコマのやうに機体の周囲をくるくると駆け廻る。

第二蒻風号とチャールズ・ナイルス

沖野ケ原を離陸しようとする第二剪風号（２点とも吉田与志也氏所蔵）
遠景に箕作山北東尾根が見える。

箕作山の尾根の形状を目当てに撮影した現在の沖野

それで主翼の塩梅《あんばい》が思ふやうになるとニンマリ会心の笑みを両頬に浮かべて我が子が学校試験に合格したような顔色。

「なにしろ馬鹿に気にいった機体だ。狂いのない発動機だけに鋭敏だ。これに乗るのには非常な技量がなければ」とつぶやくのが、「己れでなければ」と鼻うごめかすやうである（大正五年二月一日付「大阪朝日新聞京都附録」）。

ナイルスは、第二翦風号の機体を「刃物にたとえればカミソリである」と評している。

なお、大阪森工場製のプロペラにはやや平均を欠くところがあるということで、この日はフランス製のプロペラに取り替えられた。

午後四時四〇分、点検が終わったナイルスは一万数千の観衆の見守るなかを機上の人となり、同四四分に五〇メートルの滑走で見事に離陸した。

第二翦風号は、西から南へと大きく旋回しながら高度を五〇〇〇フィート（一五〇〇メートル）まで上げた。地上から、それはトンボのように、そしてしまいには虫のように小さく見えたという。

観衆は万歳、万歳の歓声を繰り返した。

町民の激しい飛行場建設反対の声のなかを苦心して事業をすすめてきた町長や町議会議員た

ちは、まさに「手の舞ひ足の踏む所を知らぬといふ有り様（「大阪朝日新聞京都附録」）」でお互いに喜びあった。

ナイルスは一一分間の飛行を終え、五五分に着陸した。

ナイルスによる第二翦風号の飛行を見て感激した灰谷某が、つぎの歌二首を新聞記者に託している。

鵬《おおとり》の空に羽うちしさまをもて
　風を翦《き》り行く人ぞ雄々しき
沖の原その名はひろく轟きて
　風きる音も高く聞こゆれ

吉田悦蔵とナイルスの語らい

先に書いたとおり、ナイルスが八日市飛行場で飛行会を行った一月二九日の夜、彼は通訳に当たっていた近江八幡キリスト教会の吉田悦蔵の自宅に宿泊した。その際の会話の内容が、当時近江八幡キリスト教会で発行されていた機関誌『湖畔の声』に掲載され、悦蔵死後の昭和一九年（一九四四）に近江兄弟社から発行された沖野岩三郎《おきのいわさぶろう》編『吉田悦蔵文集』に収録されていることを、悦蔵のご子息・吉田希夫《まれお》さんが見つけてくださった。苦労人であったナイルスの生い立ちなども紹介されているので、以下に全文を引用する。

なお、文中でナイルスの生年が明治二二年（一八八九）となっているが、『日本航空史』にある明治二一年（一八八八）が正しい。

宙返り飛行家ナイルス氏と語る

鳥人ナイルス氏と語って見ると、その快活な飾り気のない平民的の調子に誰も引込まれないものはあるまい。一月二十九日の午後四時過ぎ、八日市飛行場で握手してから其の夜の更《ふ》けて十一時にも近くなるまで、私は空中の征服者と続けさまに語って感興の尽きざるを覚えた。飛行家の実歴は不断の冒険譚で血の沸くを覚えずに聞くことは出来ない。

昔から寝ていて聖人となった人はない、成功者の生活には必ず普通人以上の努力がある。明治二十二年米国紐育《ニューヨーク》州ロチェスター市に生れた我等の鳥人ナイルス氏は、其の家は富み順境に成長すべきであったが、幼い時に父母を失ひ孤児の悲しみをなめた。コルネル大学に勉学中飛行家たらんと志し、親族と意合はず、遂に決する処あり、学業を廃してボストン市へ脱走したのはまだ十年足らぬ近い昔の出来事である。

華かなる大学生活より自動車製作所の一職工、一週四ドルの支給を受くる安労働者と化した青年ナイルスは、立志伝中の雄であらねばなるまい。初め彼は飛行機の製作に熱中した。その貧者の生活に於いて郵便切手一枚買ふのにも小首を傾けたと、本人は私に話した位である。その一個無名の青年は同好の友人三人と組合ひ、四年の苦しき克己の月日に一台の飛行機を完成した。飛行機はあっても空中に雄飛するには飛行家を要するのである。四人の青年は飛行家ではなかった。或日、彼ナイルスの友なりと言ふ肥大の男がその飛行機に試乗した。そして見事目の前のリンゴの木に衝突して、機体と発動機は粉砕した。此の一事は思ひ出の深い一幕であるとナ氏は語っていた。

屈せず撓《たわ》まざるは成功者の要件である。ナイルス氏は其の後数年バス市に労働して後、貯金を以て飛行学校に入った。其の業を了《お》へて後今に至るまで数年、彼の奮闘は目覚ましいものであった。宙返り飛行の妙技を得て空中にその自在の巨腕を揮《ふる》ふに至って彼の名は全米に轟いた。『私の成功は全く私の信仰と禁酒禁煙及び清潔なる身持の結果であります。諸君、如何なる職業にあっても現代の成功者は私と同情同感であります。』とは、同氏が近江基督教伝道団の聖書講義会で、二十余名の青年に与へたる教訓に実験談の中の一句である。

更に彼は頭を両手で押へて下向きになり、如何にも謙遜で熱心に

『諸君、酒は人を馬鹿にしますよ。煙草は手が震へるやうに神経を害します。飛行家は禁酒禁煙で性欲の節制をしなければ墜落あるのみです。私の知人飛行家は飛行機体より下りると、身体一面の汗で手なんか字を書くことが出来ぬやうに震へています。それは酒の結

果です。』

ナイルス氏は宗教を有していると語られた。飛行中に発動機の故障に出会ひ、幾千呎《フィート》も落下して来る時に、自分は神と共に歩むやう出来得る限りの力を尽くして居るから、何時この世を去っても神の御旨なれば喜んで墓の向ふに行くのであると語った。

汝の愛する機体

三〇日夜、ナイルスおよび技師のウィルソンは宮川楼で一泊した。このとき、熊木九兵衛や横畑町長をまじえ、翌三一日の予定が協議された。そして午前中は八日市上空での旋回飛行、午後鳴尾競馬場への長距離飛行を行うことが正式に決まった。

町議会議員ら「ナイルス氏飛行歓迎会」の役員は、徹夜で広告作りや各所への手配を行った。

そんな中で、熊木九兵衛・横畑町長らとナイルスとの間で、第二翦風号の貸借を巡ってのちょっとしたトラブルがあった。

九兵衛側では、鳴尾への飛行に第二翦風号を貸そうというのであるから、なんらかの契約書を交わす必要があると考え、要点を箇条書にしてナイルスに示した。

これに対しナイルスは「なぜ、こんなものがいるのか」と、怪訝《けげん》な顔をした。

彼の言い分は「自分が十分点検して乗ろうというのだから、機体は完全によい状態になったことを意味する。それは、君たちにとってまことにラッキーなことではないか。自分は、第二鷁風号の機体が非常に気に入っている。日本にいる間は、この第二鷁風号に乗り、できたら飛行機の名誉のためになにかレコードをつくりたい。にもかかわらず、破損のときにはどうせよこうせよの条件をつけるのなら、第二鷁風号での飛行を取りやめるだけの話だ。機体が破損したときは、自分の命もないときだ。その損害料を子孫にまで払わさせるというのは不名誉至極なことである」というものであった。

熊木九兵衛は驚いて「契約書の件は、西洋流に必要だと考えて無理に作ったもの。自分たちには、はじめからそんな考えはなかった」と謝り、「紳士と紳士の間の約束、武士と武士との貸借だ。飛んでくれ、よし飛ぼうの話でよい。我々は君を信頼する」と答えた。

これでナイルスも「イエス、オーライ。ぼくも紳士である」と、機嫌を直したという。

翌朝、熊木がナイルスに「貴下に乗って貰うことを光栄とす」と書面を渡すと、ナイルスは「汝の愛する機体は、汝と同様に愛する」と返書を寄せた。そして、八日市に敬意を表するために岩名助手との同乗飛行をしようと提案した。

大正五年（一九一六）一月三一日午前一一時、沖野ケ原の飛行場には二万人の観衆が集まった。ナイルスはまず諸種のパイプの掃除や牽引力のテストを行い、プロペラをふたたび元の森工場製のものに取り替えた。そして岩名助手を後部座席に乗せると、一一時三六分離陸に移り、一気に五〇〇〇フィート（一五〇〇メートル）まで上昇した。

その後、左旋回して武佐から愛知郡へそして永源寺上空へ、さらに鈴鹿山脈を越えて三重県員弁《いなべ》郡の一角に至った。この辺りでの高度は一万八〇〇フィート（三三〇〇メートル）に達した。これは、それまでの記録である岡楢之助《おかならのすけ》陸軍大尉の一万三〇〇フィート（三一四〇メートル）を更新するもので、とくに同乗者があっての記録だけに大きな意味があった。

しかも、ナイルスの着陸がすばらしかった。

高度三〇〇〇メートルから、わずか九分間で飛行場上空一〇〇メートルまで矢のように急降下し、「アハヤといふ間にレバーを締めて、例の空中滑走の急旋回にヒラリヒラリと着陸の巧妙さは舌を巻かせた（二月二日付「大阪朝日新聞京都附録」）」という状況であった。

着陸は一二時一一分で、飛行時間は三五分間であった。

初飛行の幸運に恵まれた岩名助手は、第二翦風号から降りてくるや「踊り、友人を抱き締め、飛んだ感じがどのようなものであったかを話し、競走馬のように激しくあえいだ（『近江の茶種』）」という。

彼は、初飛行の感激をつぎのように語っている。

「右翼とスレスレに東には富士の頂きが望まれた。南には硯《すずり》の水のやうに伊勢湾が見下ろせた。琵琶湖は水溜まりのやうで、日本海は小池のごとくであった。最初、帯のやうであった愛知川は、終わりには銀の糸引いた麗しさであった。」（前掲「大阪朝日新聞京都附録」）

いっぽうナイルスは、静かに格納庫の方へ歩いていった。一人の青年がヴォーリズを通じてナイルスのサインを求めた。ナイルスは右手の手袋をはずすとヴォーリズの万年筆を借りて見知らぬ青年のためつぎのような文章を書いた。

日本の高度記録を破ったのち、この筆跡を見て、私の手がまったく震えていないことが分かるでしょう。これは、私が大酒を飲んだりタバコを吸ったりしていないからです。人間は、その意志の力と同様なのです。あなたの成功のために。チャールス・F・ナイルス

午後、ナイルスはふたたび機体の点検を行った。そしてトランクや毛布など旅の手荷物一切を第二翦風号に積み込むと、午後三時三八分、右手を高くあげて五〇メートルの滑走で西の空へと飛び立っていった。

フランス製の飛行機を日本人が修復し、それにアメリカ人が乗って、同乗者つきの最高飛行高度を記録したということは、たちまち新聞ニュースとなって世間の話題をあつめた。

熊木九兵衛は、己の苦労がようやく報われた思いで、きっとおおきな喜びの中に浸っていたことであろう。

清水元治郎も一月三一日付日記に「この飛行に因り、八日市町の飛行場も面目を一新するに至れり」とその喜びを記している。

花束投下

チャールズ・ナイルスは第二翦風号にすっかり惚れ込んでいた。

この日、彼は八日市飛行場を午後三時三八分に離陸し、約五〇分後の午後四時三〇分に城東練兵場に着陸したが、第二翦風号を愛しんでいっこうに機体から離れようとしなかったという。

ナイルスは、荻田常三郎の遺志をつぎ第二翦風号によって大阪・東京間の長距離飛行を計画した。しかし、外国人の国内長距離飛行に反対の声が起こり、やむを得ず断念するという経緯もあった（平木国夫「近江のイカロスたち」）。

彼は、日本を離れるまでにもう一度八日市飛行場で飛行会を行う予定をもっていた。そのため八日市町では、二月早々から横畑町長をはじめ町議会議員がその体制づくりの協議会を開催した。

今回は、事前に計画を発表し積極的に観衆を集めようという方針であった。

まずは飛行場内の整備を行う必要があり、飛行会実施のための諸経費として町費に六〇〇〇円が計上された。

また、この経費を捻出するために積極的に寄付をつのることになり、清水元治郎の属する三業組合（料理屋・待合・芸者屋三業種の連合会）でも町から五〇円の寄付要請を受けている。

また、二月六日夜の町議会協議会では、飛行場内の一部に観覧席を設け観覧料をとることが決まった。当日会議を欠席し、あとでこのことを聞いた清水元治郎は「目下企画中の滋賀県飛行会なるものの性質上、根本的経営法が確定するまでは、有料席設けること自分は絶対反対」（二月七日付「清水日記」）と横畑町長に通告している。

八日市飛行場で開催される飛行会は、全国各地で行われているようなただの興行飛行ではなくて、わが国民間航空界の発展前進のためにあるべきだ、だから一部でも観覧料をとるのはおかしい、というのが清水の考えかたであった。横畑町長がこの意見をどう扱ったかはわからないが、有料席を設けることは決定済みであり、おそらく決定のとおり実施されたのだろう。

ナイルスの陰にかくれて、ほとんどニュースとして扱われなかったが、二月三日、アメリカ帰りの民間飛行家中沢家康《なかざわいえやす》が来町した。

彼は、小畑常三郎所有のモーリス・ファルマン式複葉機が乗り手もなく八日市飛行場に格納されたままであることを聞き、小畑と交渉して同機を借り受けたのであった。

四日に飛行予定であったが強風で中止、翌五日午後二時二五分から中沢は高度五〇〇メートルで一〇分間の飛行に成功した。

しかし、人の集まりはもう一つであったらしく、清水元治郎も飛行場へは出向かず「市中より仰ぎ見るを得たり（日記）」という程度であった。このころになると、人々も「飛行機慣れ」をして「いい加減な飛行会には関心がない」といいたげな八日市町民の気持ちが、清水の記述のなかにあらわれている。

中沢家康は三月五日にも、こんどは小畑常三郎を乗せ午前八時三〇分八日市飛行場を離陸、三〇分後甲賀郡水口町梅の木川原（現、甲賀市）に着陸し、夕刻ふたたび八日市にもどってきた。

ところで、ナイルスは二月二〇日に鳴尾競馬場から八日市へ飛来する予定であったが、二〇日は天候不良のため、また二一日は機体に故障が発見されたため飛行は延期になった。

ようやく二二日午前一一時二八分、第二翦風号は鳴尾競馬場を離陸した。

このニュースは電報で各新聞社に入り、京都深草練兵場で待機していた大阪朝日新聞の記者は、第二翦風号飛行の模様を二三日付け同紙につぎのように書いている。

（二月二二日）零時三分に、微かに耳に入る響きを聞く。プロペラーの音だと誰かが言ひ出して、首を天にくるりくるりと廻すと、鳶《とび》の大きさに似て、その色淡い（第二）翦風号は淀の流れを斜めに、機首を東北に向けて練兵場の南端を掠め頭上に緩やかに流れているのだ。動くともない機影は、灰色の雲を破って、八千尺（約二四〇〇メートル）の高空を夢のやうに走っていく。その悠々迫らぬ飛行に、人々は唯アレヨアレヨと叫ぶ。機は、稲荷山の肩、大亀谷上空にますます高度を高めて、一万尺も昇ったかと思ふ時、立木山のあたりから湖国に入ると、雲の中にその姿は一点の黒子となって見る見る消え去った。眼界にあること正に五分、瀬田の河口辺から三上山を目標に八日市に向うたものと思はれる。

このとき、第二翦風号の助手席には、八日市から汽車で鳴尾へ行っていた熊木九兵衛が同乗していた。熊木は、大阪上空で名刺を撒き、深草練兵場の上空では荻田常三郎への弔いの花束を投下した。彼は荻田常三郎の遺影を抱いて第二翦風号に乗っていたが、深草練兵場上空で「男泣きに泣いた」と新聞に報じられている。荻田の主張と行動に共鳴し、そのために自分自身の人生のすべてを飛行機に捧げることになった九兵衛にとって、万感胸に迫る思いがあったのは当然のことである。

八日市町では二月二一日夕刻から雪が降った。夜半で一〇センチメートルあまりの積雪となったが、二二日はさいわい朝から晴れ渡り絶好の飛行日和となった。

ちょうど市《いち》の日と重なって、「近郊近在から飛行機の見物方々、ゾロゾロ蟻《あり》の這《は》ふやうに飛

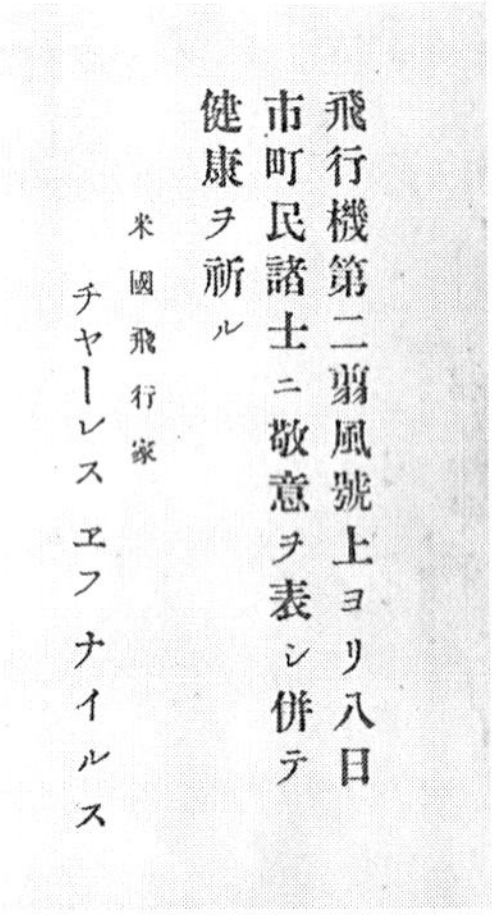
飛行機第二翦風號上ヨリ八日市町民諸士ニ敬意ヲ表シ併テ健康ヲ祈ル
米國飛行家
チャーレス エフ ナイルス

ナイルス 操縦の機上から撒かれた八日市町民への挨拶文。いつの飛行においてかは不明

行場目がけて集まる者五、六千人。飛行場の西北、晴れ渡った空にプロペラーの音勇ましく（第二）翦風号の姿が現れるや群衆は一時にドッとどよめき渡り、万歳の声を揚げた」（大正五年二月二三日付「大阪朝日新聞京都附録」）。

第二翦風号は一二時二七分、八日市飛行場に無事着陸した。鳴尾からの飛行時間は、ちょうど一時間である。

飛行機から降りてきたチャールズ・ナイルスに、横畑耕夫八日市町長は、町を代表して備前《びぜん》長船義景《おさふねよしかげ》作の古太刀《こたち》一口を贈った。第二翦風号および八日市飛行場の名前を、内外に広く知らしめた功績を称えてのことである。

太刀贈呈の件は、町議会協議会で決められ、京都で購入された。代金は九〇円であった。

このとき、見学に来ていた蒲生《がもう》郡武佐《むさ》村（現、近江八幡市）の小学生伊庭《いば》あやが「飛行機に乗せてほしい」と飛び出したが、引率の先生が後ろから抱きかかえ引き留めたという話が『日本航空史』に出ている。

ナイルスは午後六時から近江八幡キリスト教会の宣教師ウォーターハウスを乗せ、約七分間の飛行を行った。すでに空は暮れはじめていたという。

その夜は、招福楼でナイルスの歓迎会が行われた。終了後、ナイルスは自動車で近江八幡キリスト教会へ行き、一泊した。同行の支配人フリードマンや技師ウィルソンはそのまま八日市に残り、熊木九兵衛・岩名助手さらに取材に来ていた朝日・毎日・時事など各社の新聞記者たちとともに清水元治郎の店で二次会を開きそのまま宿泊した。

女性初の宙返り

翌二月二三日は曇天ながら風がなく、まずまずの天候であった。

有名なナイルスの宙返り飛行は、午後一時から行われた。当日、庶務係として会場にいた清水元治郎の日記によれば、ナイルスは高度六〇〇メートルのところで宙返り四回、逆転三回、そのほか横転や急角度旋回など約一二分間にわたってさまざまな妙技を展開した。清水元治郎はこの日の日記の終わりに「世界的冒険家ナイルスに依りて翦風号は巧みに操縦せられ、当飛行場及び飛行機の面目を一新し、この冒険飛行を一般観衆と共に観るを得たるを喜ぶ也」と記している。

曲芸飛行ののち、ナイルスは午後一時三七分から五〇分まで、近江八幡の中島《なかじま》こうという二七歳の女性を乗せて飛行した。

彼女は医師・中島正一の妻で、前日、第二翦風号に乗せてもらった宣教師ウォーターハウスの弟子であった。

後日、横畑耕夫町長は飛行場についての回想の中で、「どう云ふ心理状態となったものか、是非乗せて呉《く》れと泣きついての切なる希望で、ナ氏は喜んで同乗を許し思ひ存分の宙返り飛行をやり、観衆をヤンヤと云はせ日本婦人搭乗のレコードをつくったが、後で中島氏が自分に無承諾で乗ったと云ふので、夫婦間に一問題を惹起《じゃっき》し、自分がその間に立って閉口した滑稽もある（大正一一年一〇月一二日付「大阪朝日新聞京都附録」）」と語っている。

記事中に「宙返り飛行をやり」とあるが、これは誤りで、後述するように重森《しげもり》きりという女性を乗せた宙返り飛行は、中島こうを乗せた二〇日後の三月一五日に行われている。中島こうの場合は宙返りはしていない。だから彼女は「わが国女性の外国飛行家との同乗飛行の最初（『日本航空史』）」という点で記録になる。

横畑町長は、また「泣きついての切なる希望で」と語っているが、それは話を面白くする言い回しであろう。実際はナイルスと親しい宣教師ウォーターハウスを通じ、きちんと申し込んだものと思われる。ただし、「夫婦間の一問題」が起こったということは当時としては十分有り得る話である。

ナイルスはいったん和歌山への飛行興行に出掛けたが三月中旬にふたたび八日市へ戻り、一四日から一九日まで、さまざまな曲芸飛行を披露した。

大阪朝日新聞の記事によれば、それはナイルスとともに世界的民間飛行家としての名声を二分していたアート・スミスが近く来日するニュースを聞き、彼が横浜に上陸するまでにあらゆる世界的新記録をつくっておこうというナイルスの考えがあったためという（大正五年六月二九日付）。

まず、三月一四日には大阪朝日新聞写真部員・松本昇《まつもとのぼる》が同乗して機上撮影に成功、翌一五日はふたたび松本カメラマンとともに四回宙返りをして「最初の宙返り撮影」に成功、つづいてナイルスは「最初の女性同乗宙返り飛行」を実現させようと考えた。

女性同乗宙返りの同乗者は、何人かの候補者の中からナイルス自身が選んだ。『日本航空史』によれば、血書志願の少女、奥村《おくむら》くまは祖父母が絶対反対をして実現せず、ほかに数人あった希望者はナイルスの気にいらず、たまたま飛行場に来ていた八日市町金屋・重森活版印刷店（現、重森スポーツ店）の娘、重森きりが、本人の希望もありナイルスのお眼鏡にもかなって同乗することになったという。

ヴォーリズによる『近江の芥種』には、この間の事情がさらに具体的に書かれている。彼の記録によると、はじめは一人の芸者が同乗者に予定されていたという。しかしそれは、「彼女のパトロンなど七人の男たちが宣伝のために陰で糸を引いていた（『近江の芥種』）」ものであり、おまけに彼女も宙返り飛行をたいへん恐れている模様であった。ヴォーリズがそのことをナイルスに告げると、ナイルスは即座にその女性との同乗飛行を断り、計画はいったん断念されたかに思われた。

そのとき、「地方印刷業者の娘で、たいへん慎み深い一人の女性が、もし彼女の母親が許すなら飛行することを承諾する（前掲誌）」と申し出た。重森きりのことである。

きりの母親が飛行場にきたので、吉田悦蔵を通訳としてナイルスの希望が彼女に伝えられ、母親も同意することになった。それは「日曜学校の先生が認めたことをするのは、安全で正確なものと信じたから（前掲誌）」であるという。

重森きりは当時一九歳で、京都の技芸専門学校に在学中であった。たまたま春休みで帰郷し、飛行機見物に出掛けていたのであるが、あるいは彼女はそれまでにヴォーリズの運営する日曜学校へ通っていて吉田悦蔵と顔見知りであったのかも知れない。

『日本航空史』には、彼女は和服のまま飛行帽を被り「宙返りと横転の早業数回」というナイルスの離れ業にも動ずることなく、飛行機から降りたあと「初めはなにも分からなかったけれど、二度目の宙返りからはっきり外が見えました」といい、「恐くはなかったか」との質問にも「いいえ、ちっとも」と答えた、という話が載っている。

第二翦風号の前でナイルスと並んだ重森きりの写真が残されているが、なかなか理知的で魅力的な美少女である。

第二翦風号の前のチャールズ・ナイルスと重森きり

第二翦風号搭乗前の重森きり（2点とも吉田与志也氏所蔵）
機上で背をかがめているのはナイルスであろうか。

写真で見るかぎり、彼女はマフラーで顔を巻き分厚い外套《がいとう》を着けている。外套の下が和服であったのだろう。

重森きりは、女学校を卒業したのち結婚したがその後事情があって離婚、五個荘《ごかしょう》で文房具などの店を出し、さらに能登川《のとがわ》に移って能登川文化堂を経営、昭和四八年（一九七三）に七六歳で死亡した。生涯、非常に行動的な女性であったという。

チャールズ・ナイルスは、三月一九日にも連続一六回という猛烈な宙返りを行ったのち、三月二二日に神戸港出帆の船でマニラでの興行飛行へと日本を離れた。

なお、大正三年（一九一四）三月一五日付「大阪朝日新聞」本紙には同社写真部員がナイルスの操縦する第二翦風号上から撮影した八日市付近の写真が掲載されている。また二二日付同紙には田代林二《たしろりんじ》写真部員が宙返り中の機上から撮影した「世界で初めての活動写真」が掲載されている。

これらの写真原版および映写フィルムが保存されているかどうかを朝日新聞大阪本社事業開発室に照会したが、現在では所在が不明である。

「ナ氏の惨禍」

チャールズ・ナイルスは、マニラに向かう船上で一人の女性と知り合い、アメリカに帰国してまもなく彼女と結婚した。

結婚後三日目の六月二五日、ナイルスはウィスコンシン州オシコシ市で航空ショーを行ったが、搭乗の飛行機が空中分解し墜落、翌朝絶命した。二八歳であった。

ナイルス墜死のニュースはすぐわが国にも伝えられた。

大正五年（一九一六）六月二六日付「大阪朝日新聞京都附録」につぎのような記事が掲載されている。見出しは「嗚呼《ああ》、ナ氏の惨禍」で、サブタイトルが「八日市飛行場と翦風号の恩人」となっている。

十万坪の飛行場もモラーンソニエーの翦風号も、ナ氏無かりせばあたら宝の持ち腐りであった。八日市と翦風号とが世界的に存在を認められたのは全くナ氏のお陰げだ。ナ氏が八日市飛行場に来たのは本年一月二十九日で、一目見るなり誠に気に入った機体であると、早速発動機を検してそのまま離陸、五百メートルの高度で飛行場を一周し、急角度のバンキングで着陸したのがそもそもの始まり。（中略）
八日市と翦風号とナ氏との関係は、実に斯のごとく親善であった。ナ氏愛乗の翦風号が支那（中国）革命党の委嘱を受け、一種のデモンストレーションとして神戸を出帆《しゅっぱん》した二十七日、恰《あたか》も同日天空征服者墜死の報に接したとは不思議と言へば不思議である。

新聞はナイルスと八日市の、あるいは第二翦風号との特別のつながりを強調している。

事実、ナイルスは日本滞在中各地で興行飛行を開催しているが、どこの何と比較しても格別に思い出深かったのは八日市飛行場であり第二翦風号であったにちがいない。

彼はまるで何かに追い立てられているかのように次々と飛行新記録を打ち立て、そして死んでいったが、瀕死《ひんし》のベッドで思い出したものは、ともに大空を飛んだ中島こう・重森きり・岩名助手さらに熊木九兵衛らのことであり、また美しく高く澄んだ八日市の空のことであっただろう。

八日市でのナイルスの活動をさまざまにサポートしてきたウィリアム・メレル・ヴォーリズの記録によれば、ナイルスは近江を去るにあたり、「こんどはキリスト教の伝道師としてもういちど日本に来たい」といっていたという。

彼は、日本を、近江を、そして八日市をこころから愛していたのである。

『日本航空史』には、チャールズ・ナイルスの人柄を「酒もタバコもたしなまず、たいへん質素な暮らしぶり」「極めて潔癖性が強く、融通がつかないほど強情」であったとしている。「融通がつかないほど強情」であったかどうかは別にして、禁酒運動をはじめ道徳的な問題にナイルスはおおきな関心をもっていた。そしてわずかな滞在期間ではあったが、可能なかぎり彼はヴォーリズの宣教活動をいろいろと支援した。

たとえば、大正五年（一九一六）一月二九日、ナイルスは八日市飛行場で第二翦風号のテスト飛行に成功したのち近江八幡のヴォーリズ邸に帰ったが、その夜、疲れもみせずヴォーリズの主催するバイブル・クラスに出席している。集会には二五人の青年たちが参加していた。『THE OMI MUSTARD-SEED（近江の芥種）』には、このときの模様がつぎのように記述されている。

遅い夕食ののち、ナイルス氏は私のバイブル・クラスへやってきて二、三の話をすることに同意してくれた。彼は、吉田氏にほとんど通訳をする時間も与えないほどつづけて熱心に、飛行家として、また日本への訪問者としての経験にもとづく話をした。

彼は、禁酒や貞潔といった種類のことを強くそして率直にアピールし、日本におけるキリスト教の必要性について述べた。これを聞いた青年たちは、月末の仕事のために欠席しナイルス氏の話を聞き損なった人々に羨ましがられた。

八日市町では、ナイルスの禁酒に関する話の内容を聞くため横畑耕夫町長らが中心になってウィリアム・メレル・ヴォーリズおよび吉田悦蔵の二人を修交館に招き、講演会を開催している。このときは二、三百人の聴衆がありヴォーリズらの話を熱心に聞いた。そして講演の後、「しばしば八日市へきてキリスト教を直接的に説いてくれるようにと頼んだ」という。

ヴォーリズはナイルスの人となりを「偉大な、堂々とした紳士であるとともに温和なナイルス氏」「飛行家であるとともに一人の人間であり、アメリカ人として私たちが誇ることのできる人物」と最大級のことばで褒め、ナイルスが彼らの宣教活動に与えたおおきな影響を「神以外のどんな力によっても整えられるものではない」と感謝している。

それだけに、ナイルスの死を知ったときのヴォーリズの悲しみは深かった。


私たちの友人である飛行家ナイルス氏の死のニュースは、私たちに深い悲しみをもたらせた。私たちと一緒にいる間、彼は信仰や生活に対する基本的な考えかたを、たいへん明確に話した。

私たちは、そのような彼にたいへん魅力を感じ、そのような人格の男を失ったことを非常に残念に思った（『近江の芥種』）。


チャールズ・F・ナイルスは、こうして世界的な民間飛行家としてだけでなく、一人の敬虔なクリスチャンとしての足跡をも近江の一角に残し、去っていったのであった。

第5章

大正五年

中国青年の飛行訓練

ナイルスが八日市を離れた二か月後、八日市飛行場にはふたたび賑わいが戻ってきた。それは、在日中国人留学生のなかから選抜された青年たちが、沖野ケ原で飛行訓練をはじめたからである。

五月一二日付の「大阪朝日新聞京都附録」に「活気ある八日市飛行場」という見出しでつぎのような記事が掲載されている。

滋賀県八日市飛行場は、目下、立花・坂本の両飛行家師範役となり劉季謀外《ほか》九名の支那（中国）人の飛行術練習中にして、彼等は毎日午前七時より午後五時まで飛行場に詰切り、坂本式複葉飛行機に依って昨今頻《しきり》に滑走の練習を為し、夜間は学科の講義を聴取するなど態度頗《すこぶ》る熱心にして、向後少なくとも六箇月以上は滞在すべく。愈《いよいよ》研究の歩を進めし上は、米国より二台若しくは三台の飛行機を購入すべき意気込みなりといふ。

大正元年（一九一二）、中国革命の父と呼ばれる孫文《そんぶん》の指導で辛亥《しんがい》革命が成功し中華民国が発足したが、その後袁世凱《えんせいがい》が北洋軍閥の武力を背景に政権の独裁化を企てた。孫文は日本に亡命

中華革命党近江八日市飛行学校（大正通信社『写真通信　教育資料26号』より）

し、中国本土では革命勢力が袁世凱に戦いを挑んでいたが、革命派は戦いを優位に進めるため飛行隊の編成を計画し、わが国にその応援を求めてきたのである。当時、わが国は間接的に革命派を支援する立場をとっており、民間人有志による排袁運動を黙認した。

このような背景のなかで、坂本寿一《さかもとじゅいち》・立花了観《たちばなりょうかん》両民間飛行家は中国革命派の要請に応え、中国空軍創設を助けるために八日市飛行場を飛行訓練の拠点に選んだのである。

横畑耕夫八日市町長は、中国革命派ならびに坂本寿一らの八日市飛行場借用申し入れにたいして積極的に協力する姿勢を示した。

こうして中国人留学生の中から訓練生一〇名が選抜され周応時の引率で総勢一三名が来町、五月二日から八日市飛行場での訓練が開始された。

訓練生は出町（八日市金屋一丁目）の宮川楼で宿泊し、毎日飛行場に通って坂本寿一所有の複葉機で滑走の練習を行った。昼間の訓練が終わったあと、夜は学科の講義が行われた。講師の立花了観が英語で説明をすると、それを訓練生のなかで英語の得意な劉季謀がみんなのために中国語に翻訳するという手間のかかる方法であった。それでも訓練生は熱心で、「将来飛行術を修得し自由に天空を征服するに至らば、本国に帰還し何事かを計画せん希望、眉宇《びう》に現れ（前掲紙）」ている状態であった。

五月一一日には、八日市町議会議員が坂本・立花両教官および劉季謀の三人のために寿司折りと冷や酒で慰労会を開いた。この日はたまたま飛行機の車輪がパンクし、訓練が中止されたためであった（「清水日記」）。

訓練は六か月間の予定で、訓練生は当初、宮川楼に宿泊していたが、いずれ民家を借り入れ共同で自炊生活を行う計画をもっていた。また、劉季謀は英語のほかに日本語も少し話せたので「夜間は、八日市町民有志の為、支那（中国）語の練習も開始（前掲紙）」する予定であった。

八日市飛行場での訓練がはじまって一か月余が過ぎた六月六日、中国本土では袁世凱が急死し、情勢は一挙に革命派に有利に展開することになった。革命軍当局は、八日市飛行場での訓練終了が待ち切れず、訓練生の帰国と、日本の民間飛行家の訪中を求めてきた。

この話は、随分急なものであったらしい。

町議会議員清水元治郎の日記によれば、六月二五日、坂本寿一から県・郡・町議会の各議員あてに「本来、いちいち訪問して挨拶すべきところであるが、時間がないので、本日午後四時宮川楼にお集まり願いたい」旨の回章が届けられた。

清水元治郎も招待に応じて出席、坂本寿一から「自分は明二六日午前七時に出発、大陸に渡ることになった」という説明があった。夜にはいって宴会が開かれた。

冒頭、坂本寿一は「東洋の平和を図るは、支那（中国）動乱の解決に在り。これが解決は、我々飛行家の責任なり。今回渡航の上、大陸征空の覇権を掌握せんとするは痛快事なり。不日、帰国の上は面白き土産話をなすべし」と気炎を上げたという。

横畑町長が被招待者を代表して答礼を述べ、宴に移った。席上、坂本・立花両飛行家の名義で、飛行場維持費として町に金二〇〇円が寄贈された。

坂本の飛行機はすでに二五日朝発送されており、一〇人の中国留学生のうち五名が坂本とともに出発、他の者もそれぞれ八日市を離れることになった。そのため、飛行学校は当分の間「暑中休暇と称する」ことになった（「清水日記」）。

訓練生は、約一か月の研修で「飛行機に関する概念だけは了得し、若干名のみ直線滑走を行ふも、完全に飛行し得るには、尚半歳以上の研究期間を要する（大正五年六月二七日付「大阪朝日新聞京都附録」）」という状況であった。

訓練期間が短かっただけに十分な成果は上げられなかったが、こうして八日市飛行場は中国空軍発祥の地ともなったのである。

八日市での訓練中、中国留学生たちは、アメリカのカーチス発動機会社に一台二万円という
カーチス式発動機二台を発注していた。しかし、ヨーロッパにおける第一次世界大戦の影響で
到着が遅れていた。

新聞には、発動機が到着したら八日市で複葉機が製作される予定であると報じている。そし
て「いよいよ八日市町に於いて機体の製作を実現し得ば、将来日本の飛行機製作事業は、支那
（中国）方面に好望なるべし（前掲紙）」としている。

しかし、これらの話は立ち消えとなってしまった。

なお、この八日市飛行場における中国青年の飛行訓練については、長崎出身の実業家・梅屋《うめや》
庄吉《しょうきち》（一八六九〜一九三四）による辛亥革命の指導者・孫文への多大な支援の一つとして行われ
たものである。梅屋庄吉は明治二八年（一八九五）、香港で孫文と知己となり、その後、一貫し
て多額の資金援助を行い孫文の活動を支えてきた。

いっぽう、熊木九兵衛は同年四月、第二翦風号を携え岩名助手とともに台湾総督府の招待で
台湾に渡っていた。「台領二〇周年記念共進会」への参加が理由であるが、総督府のねらいは
台湾現地人に飛行機を見せて示威することにあったという。

渡台中、九兵衛は中国革命派から、袁世凱派へのデモンストレーションのため中国へ渡って
ほしい旨の要請を受けていた。九兵衛と岩名助手は第二翦風号とともにいったん台湾から八日

中華革命軍東北軍航空隊。右の飛行機が第二翦風号
（奥井清弘著『八日市と飛行場』より）

市に戻っていたが、坂本寿一や中国人訓練生と同様な連絡を受けたらしく、六月二五日に第二翦風号の荷造りをすませ、二七日神戸港出港の台北丸で中国本土に渡った。行き先は、山東省濰《い》県であった。九兵衛は七月二七日から三週間、大津歩兵第九聯隊の勤務演習に招集されており、それまでに帰国する予定で、岩名助手が第二翦風号とともに八月中旬まで中国に滞在することになった（大正五年六月二七日付「大阪朝日新聞京都附録」）。

中国では、坂本・立花は少将の待遇を受け、熊木九兵衛は同行の星野米三とともに大佐の待遇を受けた（『日本航空史』）。

前掲の大阪朝日新聞によれば、熊木九兵衛は、「台湾より帰来し、約一箇年の予定をもって専心飛行術研究の筈」であったという。

本来、飛行家になることは彼の当初の志望であったし、だれか飛行家を探してこなければ第二翦風号を格納庫に眠らせておかねばならないもどかしさもあった。そのため「専心、飛行術の研究」を行うつもりであった。

しかし、中国革命派からの要請で大陸に渡ることになり、彼は「帰国後約二、三箇月の予定を以て速成練習を行ひ、再び渡航するやも知れず（前掲紙）」との考えを新聞記者に打ち明けている。再度中国に渡って、訓練中の中国人青年とともに飛行術を習得しようと思ったのであろう。

だが、彼の計画は実現していない。身経な青年時代であるのならともかく、九兵衛もすでに二八歳であった。母があり、妻があり、店があった。また、新しい技術を習得するには年齢的に遅すぎた。思い止どまらざるを得ない事情が揃い過ぎていた。

「油九」の家に近かった山田平治《やまだへいじ》さんが、九兵衛が毎朝岩名助手をともなって歩いて沖野ケ原の飛行場に通っていた姿を覚えておられた。

それは、中国へ渡って飛行術を習得することもかなわず、かといって八日市には指導者もなく、仕方なく自分たちだけで細々と飛行訓練を続けていた二人の姿だったのかも知れない。

九兵衛は、背が高く体格の立派な人であった。

正月には、陸軍少尉の正装を着けサーベルを提げて、近所や知り合いに挨拶に回っていたという。その姿は、堂々としたものであった。飛行機と飛行場のため借家をつぎつぎ手放す羽目にはなったものの、九兵衛にはわが国の民間航空界に寄与しているというおおきな自負があったのだろう。

平成一五年（二〇〇三）春、読売新聞西部本社から記者やカメラマンが八日市を訪ねてこられた。それは、のちに長崎市で開催された「孫文・梅屋庄吉と長崎展」をひかえ、孫文への支援と日中友好に生涯を懸けた梅屋庄吉の足跡を追って、その軌跡を見出すための取材旅行であった。私は一行の案内役を仰せつかったのだが、残念なことに梅屋庄吉に関する記録はもちろん、中国の青年たちの足跡を偲ばせるものは八日市には何一つ残っていなかった。

青年たちが宿舎にした宮川楼は、戦後まもなくの火災で焼失した。また、冒頭に記したように八日市民間飛行場の跡も住宅や工場が立地し、往年の面影はどこにもない。

わずかに、坂本寿一教官の子息が保存しておられるという一葉の写真だけが約九十年の昔を物語っているにすぎなかった。そのセピア色の写真は、読売新聞西部本社編『盟約ニテ成セル梅屋庄吉と孫文』（海鳥社、二〇〇二年）に掲載されており、一台の複葉機の前に中国訓練生ら一二名が並んだものである（一三七ページ掲載の写真と同じもの）。「革命軍飛行隊」という題が付けられ、「滋賀県八日市市の飛行学校で訓練を受けていた革命同志云々」の説明文が付けられている。

野島銀蔵

大正五年（一九一六）一〇月一七日に、八日市飛行場で野島銀蔵《のじまぎんぞう》の飛行会が開かれた。

野島銀蔵は、明治七年（一八七四）三重県の生まれである。彼は、明治三〇年代前半にアメリカに渡り商売をしていたが、その後飛行機に興味をもち、明治四四年（一九一一）、カーチス飛行学校で飛行術を学び万国飛行免状をえて帰国した。

帰国後は日本各地で飛行会を開催していたが、神崎郡御園村（八日市市）出身で大阪において酒屋を経営していた西村長次郎《にしむらちょうじろう》の斡旋《あっせん》により、来町したものであった。

しかし、この飛行会は町主催の事業ではなく、西村側の申し込みを横畑町長が個人的に引き受け、有志を募って計画したものであった。横畑町長は、常々少しでもチャンスがあれば飛行場に人を呼ぼうという積極的な姿勢をもっていた。

飛行会は、当初、一〇月一四日の予定でポスターを貼るなど宣伝がすすめられ当日大勢の観客が集まったが、当の野島は予定日の夕刻八日市に到着し、開催時間に間に合わなかった。この行き違いは、「今回の飛行会は、大阪西村長次郎の申込によるものなるが、野島氏は確実に承諾なきを、西村長次郎にて申込ありたるため（一〇月一七日付「清水日記」）」生じたものであった。

奥井仙蔵の『八日市と飛行場』によれば、奥井自身がわざわざ大阪まで出向き、鶴屋（西村長次郎の屋号であろう）を訪ねて野島銀蔵の居場所を突き止めたという話が載っている。

この行き違いは間もなく解決したが、「当初、西村は利欲の意味にて申込ありたるものの如く、八日市町は歓迎せさりしため斯《かか》る間違を生じたるなり（前掲「清水日記」）」という。

野島の飛行会は一七日午前八時から開催され、八時三〇分から一〇数分間の低空飛行が行われた。午後四時三〇分からもきわめて小時間の低空飛行があった。

彼は、大阪からカーチス式複葉機「早鷹号《はやたか》」を運搬してきていた。やはり飛行家であった幾《いく》原知重《はらともしげ》がアメリカで求めたものを、大正三年（一九一四）、野島が譲り受けたのであった。しかし、はじめから発動機に不調が多く、十分な飛行を期待する方が無理な状態にあった。

野島は当日の飛行結果について奥井仙蔵に、「発動機の命数既に尽きおりて、実際三〇馬力程より出ないのであるから、その危険程度を察せられよ。私は皆様に申し訳の為、決死の飛行をやったのである」と語っていたそうである。

このように飛行会の成績は芳しくなかったが野島銀蔵も名の通った飛行家であり、飛行会の後、板屋《いたや》で野島の慰労会が開かれた。ここで、参加者から荻田常三郎遺業の飛行学校設立問題が話題にのぼり、野島銀蔵もおおいに乗り気になった。

『日本航空史』によると、野島の飛行学校には申し込み者が一〇数名あり、なかから一〇名を選抜して第一期生としたとある。だが、その後の経過には触れていないので、この飛行学校の話も長くは続かなかったらしい。

野島が計画した飛行学校では、付属に自動車の製作と運転手の養成をも行うことになっていた。それは、彼がアメリカで自動車の修理・販売を行うなど、自動車についての知識をもっていたからであろう。

熊本九兵衛がこの飛行学校計画に関与していたかどうかは、不明である。

荻田の三周忌

荻田常三郎と大橋繁治が深草練兵場で墜死したのは大正四年（一九一五）一月三日のことであった。以来早くも二年がたち、大正五年一二月一四日には午後三時から京都西大谷本廟で荻田・大橋両飛行家の三周忌が行われた。その日は寒々とした初冬の雨が降っていた。本廟で法要のあと、鳥辺山《とりべやま》の荻田常三郎の墓前に荻田の妻あい、大橋繁治の母さだなど関係者が詣でた。丸まげ姿のあいが碑の前で膝を折り泣き崩れるありさまに、居並ぶ一同はあらためてもらい泣きをしたという。

さらに荻田らを偲ぶ集いが、席を円山の料亭左阿弥《さあみ》に移して行われた。

冒頭、幹事は「故人は、手も口も飛ぶこともすべて八丁式の男であった。なるべく賑やかに、荻田君がおったならという思い出話が聞きたい」と挨拶した。

つづいて、あいが「主人はフランスにいたのが八か月、帰国して翦風号で飛んだのも八か月、都合一六か月の短い飛行生涯でした」と、声を詰まらせながら礼を述べた。

席上、「荻田の最後から今日までの二年間は、欧州の大戦乱がつづいていたが、荻田君が居ったら大得意であちこち走り回っていたことだろう」などと話題がはずんだ。

そこへ、熊木九兵衛と荻田常三郎の叔父にあたる荻田善兵衛が遅れて駆け付けてきた。九兵衛は最近の第二翦風号の状況や中国滞在中の報告を行い、「彼の地で直線滑走や飛行に関する下ごしらえはやってきましたので、三、四か月のうちには追善飛行をお目にかける自信がある」と挨拶し、一同から盛んな拍手を受けた（以上、大正五年一二月一六日付「大阪朝日新聞京都附録」）。

飛行機の所有権をめぐる裁判

熊木九兵衛は、このころ、第二翦風号の所有権をめぐって伊崎省三から告訴を受け、裁判係争中であった。

荻田常三郎の三周忌に遅刻したのも、当日裁判があり荻田善兵衛とともに大津地方裁判所に出向いていたためであった。

『日本航空史』によれば、訴訟の内容は、原告伊崎省三が熊木九兵衛に対して「飛行機第二翦風号共有権確認並びに引き渡し、および損害八一一五円一六銭の賠償を求める」というものであった。

趣旨として伊崎は「荻田常三郎の遺児、求馬氏の親権者あい未亡人から、大正四年一月二〇日、翦風号の譲与を受けて、二月一日原告・被告両人の間で飛行機の持ち分を定めて、三分を熊木、七分を伊崎として第二翦風号を改修した。しかるに、たまたま原告が四年九月一三日歩兵第三八聯隊に入営中、被告熊木は伊崎あての絶縁状を送るとともに、新聞紙上に原告に悪事あるがごとき記事を掲げしめて誣告《ぶこく》した」としている。

これに対し被告熊木側は「翦風号は、荻田家の所有物で、熊木・伊崎両名は使用権を認められたに過ぎず、かつ、修理費も原告は七分を負担すべきのところを口実を設けて支払わず、ことごとく被告に負わしめてきた」と反論している。

『日本航空史』では、この裁判は大正六年（一九一七）二月二九日に第一回公判が開かれた、としている。

しかし、大正五年一二月一四日に、熊木九兵衛はすでに同裁判のため大津地裁へ出廷した事実があり、また、大正六年一月二六日付の「大阪朝日新聞京都附録」にもつぎのような記事があるので、「二月二九日第一回公判」とする『日本航空史』の記述は誤りであるように思われる。

飛行機の裁判

伊崎省三氏が熊木少尉を相手取って提起せる飛行機第二翦風号共有確認引渡及び損害賠償要求訴訟の第七回弁論は、二五日午後一時、大津地方裁判所で開廷され、原被両告既定弁護士の弁論があって、午後三時過ぎ閉廷した。

前年来続行して居た弁論もどうやら二五日で終結したらしく、不日、判決言渡しを見るわけだが、損害賠償の点だけは原被の間で示談事済みとなった。

このように、伊崎・熊木間の係争は大正五年のうちに提起され、六年一月までにはすでに何回かの審理が重ねられていた模様である。

八一一五円余の損害賠償請求については、新聞記事のように両者の示談で終わっている。第二翦風号に関するすべての改修経費は熊木九兵衛が負担していたものであり、伊崎が熊木を告訴するのは頭から筋違いという感がつよい。

なお、詳しい経過を知るため、大津・京都両地方裁判所に当時の裁判記録が残っているかどうかを照会したが、同訴訟はいずれの地裁の件名簿にも記載がないという。

後に触れるが、大正六年一〇月三〇日、第二翦風号は高知市上空で事故を起こし破壊されてしまったため訴訟が結審せず、記録として残らなかったのではないかと思われる。

第6章

第二翦風号消ゆ

陸軍飛行場の話

大正四年（一九一五）一〇月一四日、陸軍はわが国最初の常設航空部隊として航空大隊（本部・気球中隊・飛行中隊二・材料廠）の編成を発令した。これは長年にわたり航空軍備の研究をすすめていた陸軍中央部が、第一次世界大戦で航空機の果たす役割の大きさを痛感し急いでとった措置である。

所沢に気球と飛行機若干が配備され、飛行・技術両面の要員が集められた。同時に、一九四坪の飛行機製作工場が増設されるなど、国は航空界の整備充実に力を入れはじめた。

また、関東以西に遠距離飛行を行うため、東海道沿線に中間基地を設ける必要性が論議され、候補地として、陸軍歩兵第三師団大砲射的場である各務野《かかみの》（岐阜県各務原市《かかみがはら》）があげられた。

当時、飛行場の維持や将来の見通しなどで困惑していた八日市町はこのニュースを知ると、早速、陸軍飛行場の誘致に乗り出した。

町議会議員清水元治郎の日記には、横畑耕夫町長は大正五年五月二九日夜、修交館に町議会議員らを集め、新聞報道のあった陸軍飛行場の問題で協議を行ったことが記されている。そしてただちに東京在住の長岡外史中将に電報を打ち、陸軍省の計画内容を聞こうということに衆議が一決した。

翌三〇日早朝、照会電報が発信され、その日のうちに長岡から「位置については未決定」との返電が到着、横畑町長はこれを全町議会議員に連絡した。

それ以後、横畑町長は中野・御園・玉緒の各村長らと連絡をとり、滋賀県内務部長堀田義次郎《ほりたぎじろう》の協力をえて、大隈首相・大島健一《おおしまけんいち》陸軍大臣らに誘致の請願を行ったが、陸軍は飛行場設置をすでに各務野の線ですすめていた。

「各務原発展史稿一」（『各務原市史』通史編）は「各務原航空隊の誕生したるは、実に大正五年六月一一日にて、所沢を発したる飛行機は無事着陸し、同一六日飛行場の開設式が挙行される、是が即ち各務原の空高く飛行機の飛ぶ紀元である」と記述している。

「位置未決定」という長岡外史の電報で八日市町は大騒ぎをしていたが、実はすでに結論が出てしまっていたのである。

陸軍は、大正六年（一九一七）八月、航空大隊一個の増設を発令、既設のものを航空第一大隊とし、新設のものを第二大隊と命名した。航空第二大隊は、大正七年一一月に本部を各務原に置いた。

当該地の岐阜県各務郡各務村などはさしたる誘致運動を展開したわけではなかったが、明治一二年以来、陸軍演習場としての歴史を持ち、一二三〇町歩（約一二二八ヘクタール）という広大な陸軍省用地のある各務原台地に白羽の矢が立ったのはやむを得ないことであった。

しかし、陸軍省では引き続き第三大隊の設置を検討中であり、八日市町に「追って沙汰におよぶ」との旨が伝えられた。町当局は沖野ケ原の飛行場敷地を陸軍に寄付する意志を表明し、以後その誘致に積極的につとめることになった。

大正五年（一九一六）八月二五日には横畑町長が各町議会議員宅を回り、「陸軍飛行場新設につき沖野原飛行場寄付採納願の件」で協議を行っている。九月六日夜には、町長は修交館で陸軍省に同採納願を提出した経過を説明した。

奥井仙蔵『八日市と飛行場』によると、時期は明らかではないが大正座《たいしょうざ》（現、金屋一丁目）で、陸軍航空大隊誘致問題に関する町民大会が開催されている。

ポイントは、飛行場敷地を陸軍省に寄付することの是非についてであった。

ここで奥井は、敷地寄付を前提にした誘致促進の町当局にたいして「これまで、八日市は民間飛行界振興のために、飛行家養成を目的として飛行場の整備に努力し苦労してきた。その敷地をいまさら国に寄付するというのは、町民を欺《あざむ》くも甚だしい。それくらい飛行場を持て余しているのなら、いっそのこと芋や桑を植えて殖産のための一助としてはどうか」との自説を展開した。

このとき熊木九兵衛も飛び入り弁士としてつぎのとおり述べた。

わが飛行場に、宝玉を得たり。即ち、米国一流の民間大飛行家たるフランク・チャンピヨン氏を得たるなり。吾人は、氏と提携、死力を尽くして沖野ケ原を一廉《ひとかど》の民間飛行場と成し、民間飛行学校期成を明言す（『八日市と飛行場』）。

九兵衛は、かつてわが国民間航空界の育成発展を唱えてきた荻田常三郎の思想と行動に共鳴し、飛行場整備のため先祖伝来の広大な土地を安価に提供してきた。

また、荻田殉死後は、彼の愛機翦風号の復元に資産のすべてを投げ出し、自らも飛行家になることを志願しつつ、八日市飛行場の隆盛のためにさまざまな努力を重ねてきた。このような経過を考えれば、九兵衛がすぐに陸軍飛行場誘致に賛成する気になれなかったのは無理もないことである。

九兵衛も荻田と同様、わが国航空界振興のためには「官」とともに「民」の必要性を重視していたのである。

このころにも熊木九兵衛は、民間飛行学校設立のためいろいろと奔走していたのである。

大正六年四月二九日付「大阪朝日新聞京都附録」に、「飛行学校、八日市に開設計画」として、つぎのような記事が掲載されている。

米国飛行家スチンソン嬢およびチャンピオン氏等は、目下神戸オリエンタル・ホテルに滞在中なるが、滋賀県八日市の熊木少尉は、本社主催のスミス氏大飛行見学の上、神戸にチャンピオン氏を訪ひ、八日市飛行学校設立計画の協議を進行せしむる筈。（中略）協議決定せば、改めて飛行場の所有者たる八日市町に飛行場借入れ及び格納庫建築の交渉をなし、翦風号及びブレリオ式単葉その他を以て教授すべく、チャンピオン氏は来月上旬ス嬢帰米後直ちにホームス、鈴木氏等と前後して八日市に来るべく。

いよいよ飛行学校開始は八月なるべし。すでに入学申込みを為し来れるもの五十名を越え居るが、当分は速成科十名を収容する予定なりと熊木少尉は語れり。

大正五年一二月一〇日、アメリカの女性飛行家キャサリン・スチンソンが来日し各地で飛行会を催していたが、フランク・チャンピオンはその機関士として同行していた。

チャンピオン来町

八日市飛行場にとっての最後の外国人飛行家となるフランク・チャンピオンは、一八八四年（明治一七）一二月二四日、アメリカ・テキサス州西部のシャーマンに生まれた。彼は熊木九兵衛やチャールズ・ナイルスよりも四歳年上で、当時、三二歳であった。海軍砲術学校を卒業、しばらく新聞社のカメラマンをしていたが、のち、イギリスに渡って飛行技術を身につけ、ドミングス飛行研究所の教師をしている。

平木国夫「近江のイカロスたち」（昭和六二年三月六日付「中日新聞」）によればチャンピオンの飛行免状の番号は八九号で、ナイルス（一八一号）、スチンソン（一四八号）、スミス（一三八号）らの先輩にあたるという。

ナイルス、スミス、スチンソンらはすべてフランク・チャンピオンの教導を受けた、ともいう。

チャンピオンは、スチンソンとともに来日してから大正六年（一九一七）二月六日にいちど八日市を訪れ、第二翦風号での約一五分間の試験飛行を行っている。

フランク・チャンピオン
（『故フランクチャンピオン氏追悼記念写真帖』より）

陸軍飛行場誘致の是非を論じた「町民大会」開催時期は明確でないが、九兵衛が飛行学校の指導者としてチャンピオンの名前を出していることから考えると、同町民大会は大正六年二月から四月ころの間に開催されたものと思われる。

奥井仙蔵『八日市と飛行場』には、飛行学校開設の話が伝わると、全国各地から続々と血書の入学志願書が届いたと記されている。「私は名古屋市の某病院の看護婦である。体重二四貫（約九〇キログラム）、身長五尺七寸（約一八八センチメートル）云々。何卒《なにとぞ》女子飛行家にして呉れよ、との志願書が舞い込んで頗《すこぶ》る面を喰らった事もあった」との話も出ている。

熊木九兵衛は、このころ経営費の補充策として自宅にプロペラ製作工場を作り、一般の求めに応じておりなかなか好評であったともいう。

フランク・チャンピオンは、スチンソンの飛行会のための付き添いの形で来日していたが、大正六年二月八日市での試験飛行を終えると、彼女とともにいったん上海・天津・北京など中国大陸への巡業に出掛けた。スチンソン一行は、五月、中国巡業から日本に戻り、横浜でお別れの飛行会を開催してアメリカに帰国した。

しかし、チャンピオンだけはそのまま日本に居残り、五月一一日にふたたび八日市へやってきた。通訳・技師をかねて飛行家の鈴木茂も同行してきた。

ここでチャンピオンは熊木九兵衛と出会い、飛行学校の設立と第二翦風号による長距離飛行の計画について協議し合意に達した。当時、川崎造船所が鳴尾付近に飛行機製作所を建て、その付属飛行学校の場所として八日市に目星をつけているとの噂があり、チャンピオンは自分の計画を横取りされないために熊木九兵衛との話し合いを急いだとの見方もある（『日本航空史』）。

おもしろいことに、チャンピオンが来町する前日の五月一〇日、「鳥人スミス」とあだ名されたアート・スミスが八日市へ来て第二翦風号での飛行を行っている。

彼は、前年の大正五年三月から六月にかけてすでに一度来日しており、全国各地で飛行会を開催していた。同年四月二七日、鳴尾では夜間飛行を行い五月一一日には深草練兵場に一〇数万の観衆を集め、空中での逆転・横転・逆落としの離れ業を演じてみせた。五月二四日には大津練兵場でも飛行会を開催している。

しかし、この大正五年の来日時には彼は八日市飛行場へは来ていない。

スミスは、今度は母親を連れ観光をかねて日本を訪れたのであるが、京都に滞在していたとき第二翦風号の話を聞き、わざわざ八日市を訪ねてきたのである。

ただし、このときのスミスは、あくまでも第二翦風号に興味を抱いて来町したにすぎず、得意の曲芸飛行を披露しようとしたわけではない。

『日本航空史』によれば、スミスは、大正六年五月一〇日朝八日市飛行場に着いて熊木九兵衛・岩名助手から第二翦風号の来歴を説明してもらい、その後、故ナイルスを偲んで「自分はまだ単葉機に乗ったことがないからぜひ試乗してみたい」といい、慎重に機体を点検したのち岩名助手を乗せて離陸したという。

スミスは、高度約一一〇〇メートルに達し、約五〇分間の飛行を行ったのち「空中滑走で降りてきて車輪を軽く地につけた上、再び上昇。初めて乗った単葉機の軽快さにすこぶる嬉しそう」であったという。

「清水日記」には、簡略に「米国飛行家アート・スミス本日来町。沖野飛行場に於いて熊木少尉の単葉飛行機翦風号にて飛行をなしたり」としか記していない。

スミスは、翌一一日は名古屋の城北《じょうほく》練兵場での飛行会に出発している。

ところで、フランク・チャンピオンも五月一一日に来町して、午後三時四〇分から熊木九兵衛同乗のうえ第二翦風号による近隣飛行を試みた。

この日、清水元治郎は三業組合店主・従業員ら一二二名を引率、慰謝・運動会として石山寺方面に旅行をしていた。帰路、彼らは石山駅で列車を待ち合わせ中、八日市飛行場から飛来してきた第二翦風号を見付けた。

チャンピオンと九兵衛は、はじめから三業組合の慰謝会を目掛けて訪問飛行を行ったものであったが、運動会開催中に飛来する予定が、時間にずれを生じ運動会場ではなくプラットフォーム上空への見参となったものらしい。

翌一二日、清水ら三業組合役員は前日の精算を済ませたのち、午後から板屋（八日市本町）で慰労会を開催した。フランク・チャンピオンも板屋に滞在しており、清水元治郎はチャンピオンをはじめ、熊木九兵衛・鈴木茂・大阪朝日新聞記者らを慰労会の席に招いた。

清水が開会のあいさつを行い、フランク・チャンピオンが英語で小演説をした。鈴木茂がこれを通訳、チャンピオンは「将来の日本飛行界のためにぜひ貢献したい」という趣旨の発言をした。

その後、芸妓一〇数名が席に加わり、宴会は大いに盛り上がった。「清水日記」には、「チャンピオンも亦《また》非常に喜色ありたり」と記している。

チャールズ・ナイルスやアート・スミスは、酒やたばこをたしなまず飛行家であるとともに真面目なクリスチャンであったが、フランク・チャンピオンは彼らとはすこし違ったタイプの飛行家であったらしい。

彼はまた、「飛行家フランク・チャンピオン、江州八日市町」の名刺（広島信子氏所蔵）を印刷しているが、そのことから考えると本格的に八日市に居着く考えをもっていたように思われる。

チャンピオンは五月一三日にも飛行を行った。彼は、午前一一時二五分、熊木九兵衛を乗せて八日市飛行場から深草練兵場に飛び、親族の葬儀に出席する熊木を降ろして、こんどは岩名助手同乗のうえ鳴尾競馬場に向かった（平木国夫「近江のイカロスたち」）。

チャンピオン死す

チャンピオンは鳴尾で滞在し、機体の点検修理を済ませて、いよいよ大阪・東京間の無着陸大飛行に挑戦することになった。

鳴尾競馬場から東京代々木練兵場までは直線で四五〇キロメートルあり、時速一〇〇キロメートルで飛ぶと、四時間三〇分で東京に到着できるという計算になる。

チャンピオンは荻田常三郎のかつての夢を実現し、あわせてここで名を挙げ今後の飛行学校設立にはずみをつけようと考えたのであろう。

『日本航空史』により、このときの飛行の概要を紹介しよう。

六月三日午前一〇時、チャンピオンは鳴尾を離陸しまっすぐ東に向かった。

しかし、鈴鹿山脈を越え、伊勢湾を望むころ発動機に変調をきたした。やむなく三重県河芸郡の川原に不時着し応急修理を行う。この時点で、大阪・東京間無着陸飛行の記録は夢と消えた。

その後、四日市の築港埋め立て地まで飛んでさらに発動機の点検整備を行い、翌四日午前一一時に四日市築港を離陸、ふたたび東に針路をとった。

しかし、こんどは浜松駅上空で燃料コック切り替え管に故障が生じ発動機が停止した。チャンピオンはここで大阪・東京間の飛行をあきらめ、浜松市近郊富塚村（浜松市富塚町）の歩兵第六七連隊練兵場に不時着した。

そして第二翦風号を解体、汽車輸送で機体を鳴尾競馬場に送り返した。

フランク・チャンピオンの大阪・東京間の無着陸飛行は結局実現しなかったが、鳴尾・四日市間一二〇キロメートル、四日市・浜松間一一〇キロメートル、あわせて二三〇キロメートルという飛行は当時の民間飛行機としては最長のものであった。

故障した発動機は、大阪の中島機械工場で修理を行い、七月には大阪で宙返りを行った。宙返り飛行は彼としては初めての経験であった。

その後、フランク・チャンピオンは、民間飛行学校の建設資金を生み出すとともに、大阪・東京間飛行で掬えた負債の後始末をするために地方巡業を計画した。

大正六年（一九一七）一〇月一七日、大津練兵場で飛行会を開催。これは荻田常三郎遺愛の鶲風号であることから人気が沸き、大勢の観衆を集めて成功した。

この大津での飛行会が契機となり、高知市の有力者鬼頭《きとう》良之助《りょうのすけ》（本名、森田《もりた》良吉《りょうきち》）の援助で、一〇月三〇日、三一日と高知新聞・土陽《どよう》新聞の後援による飛行会が開催されることになった。

三〇日、会場の高知市朝倉練兵場には一〇万の観衆が集まった。チャンピオンは午前中の曲芸飛行を無事に終わって、午後三時一〇分から第二回目の飛行を開始した。彼は、朝倉練兵場を離陸すると高知市街上空を一周し、郊外の土佐郡鴨田《かもだ》村上空一二〇〇メートル上空で二回の宙返りを行い、続いて横転をはじめた。そのとき突然左翼が根元から折れ、片翼となった機体は真っ逆さまに水田に墜落した。大観衆の目の前での惨事であった。

フランク・チャンピオンは頭蓋骨骨折・全身打挫傷で即死、もちろん第二鶲風号も完全に破

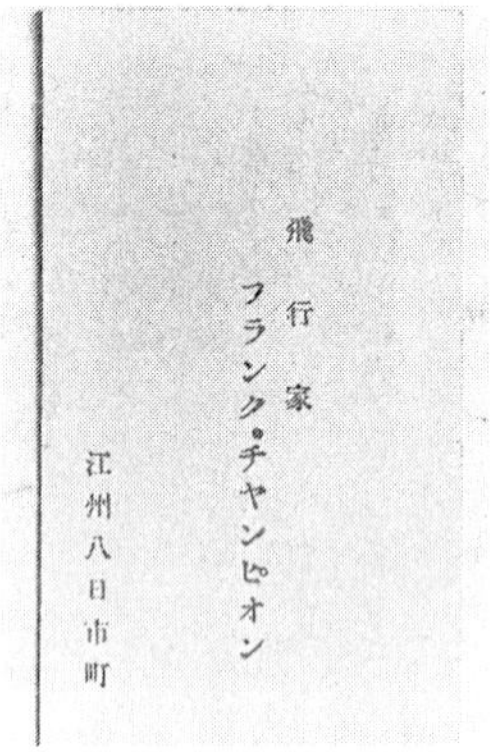

フランク・チャンピオンの名刺（広島信子氏所蔵）
　長期滞在を予定していたのか住所を「江州八日市町」としている。 裏面には英文で記されている

高知市境川沿いに建立されたフランク・チャンピオン記念碑（長野洋一氏撮影）

壊された。

　この事故で熊木九兵衛は、第二翦風号とフランク・チャンピオンを、そして「民間飛行学校設立」の夢など、彼が最後に賭けてきたすべてのものを失った。

　一一月一日、高知市公会堂でフランク・チャンピオンのためにキリスト教式の葬儀が行われた。翌年四月、鬼頭良之助らの手で、遭難現場に近い柳原《やなぎはら》堤（高知市鷹匠《たかしょう》町二丁目）に高さ一〇メートルにある「フランク・チャンピオン之碑」が建てられた。碑文は、英文と和文で書かれている。

第7章

航空第三大隊の誘致

陸軍特別大演習

フランク・チャンピオンの事故死と第二翦風号の損壊により、民間飛行学校設立の計画は完全に水泡に帰した。

第二翦風号が存在しない八日市飛行場に、飛行家はもうだれもこようとはしなかった。あとは、陸軍軍用飛行場として活かすための町の誘致運動が残されているだけであった。

チャンピオンが墜落死して半月後、大正六年（一九一七）一一月一四日から一六日まで、彦根中学校に大本営を置いての陸軍特別大演習会が挙行された。陸軍第三、四、九、一六の四個師団を中心に飛行機隊も加わり、総勢四万二〇〇〇人余の兵員を動員しての大演習である。

この時、八日市飛行場は演習に参加した飛行機の臨時離着陸場として指定された。

「清水日記」によると、そのあらましはつぎのとおりである。

一一月一五日、何機かの飛行機が八日市上空に飛来し爆弾投下の演習をおこなった。夕刻、南軍の飛行機六台が沖野ケ原に着陸した。

一六日早朝、最後の決戦に沖野ケ原にあった南軍の飛行機が飛び立ったが、そのうち中山《なかやま》中尉・儀峨徹二《ぎがてつじ》大尉の乗った「百十一号」は、北方に向かう途中、濃霧のため大字八日市の氏神、皇美麻《すめみま》神社の老杉の森に突入した。

飛行機の両翼には、二尺角（六〇センチメートル四方）の穴が空き、車輪に大きな木の枝が引っ掛かった。おまけに補助翼の鉄線も切断された。

しかし飛行機は奇跡的に墜落を免れ、操縦士の中山中尉はそのまま飛行をつづけて、燃料を消費した二時間後、八日市飛行場に無事不時着陸した。同乗者であった儀峨大尉は無事着陸の不可能なことを考え、機上で遺書をしたためていたという。

この話は大本営にあった天皇の耳に達し、両尉官は殊勲者として天皇拝謁の栄誉に浴した。また、これによって八日市飛行場の存在が軍部首脳につよく印象づけられる結果となった。大演習終了後、中山中尉はその幸運を謝するため皇美麻神社に参拝し、武運長久を祈っている。清水元治郎は、「右の如き危険も無事なるを得たるは、全く神の御稜威《みいつ》によるものならん。我等氏子は同神社を武運長久の神として、また神木は永久の紀念として尊崇せざるべからざるなり」と記している。わが国は日清・日露の戦役を経て、当時第一次世界大戦に参戦中であった。戦時下の国民としては、もっともな感慨であったといえる。

こうした陸軍特別大演習に八日市飛行場が使用された機会をとらえ、町当局の必死の航空隊誘致運動が展開された。

横畑耕夫町長、飛行場創立委員である町議会議員一五名、八日市町大字の各区長、その他数一〇名が各要路に奔走した。

当時の森正隆《もりまさたか》知事も「飛行場の設置は第一に軍事上必要のみならず、之が設置は一は県の利益となり、一は当該町村の利益莫大なるもののあるのみならず、その結果、湖南《こなん》鉄道（現、近江鉄道八日市線）の発展となり、或は近江鉄道の救済となり一挙両得なる事業」と判断、「断然、之を陸軍省の公設に待たんことを期し」、滋賀県も全面的にその誘致に取り組む姿勢を示した。

「飛行場の件、尽力す」

それらの努力の結果は、年が変わって具体化してきた。政府が「土地買収だに都合よく運ぶに於いては、八日市に設置するも可なり、との内諾」を与えてきたのである。

大正七年（一九一八）五月二日早朝、横畑町長は全町議会議員に招集をかけた。

それは、軍より滋賀県に「陸軍第三航空大隊を沖野ケ原に新設」との内議があったことにたいして、知事から蒲生・神崎の両郡長へ、さらに郡長から関係一町三村に連絡がはいり、八日市町としての態度を早急に決める必要があったためである。

会議は午前七時から修交館で開催された。

ここで、知事からの提案概要が説明された。要点は、

① 陸軍飛行場敷地として、五〇万坪（一六五ヘクタール）の寄付を必要とすること。

② 寄付については、関係町村と蒲生・神崎両郡および滋賀県がそれぞれ三分の一ずつを負担する。

というものである。

協議を受けた各議員は、必要面積五〇万坪から既設五万坪分を差し引くことを条件とする外は、基本的に大賛成であった。

しかし、八日市町の持ち分（一坪三〇銭として一五万坪分で四万五〇〇〇円）を町費負担とするか、有志の寄付で対応するかについては、意見が二つに分かれた。町公債説が大勢を占めていたが、大字浜野出身の議員は全員がこれに反対した。

そのため会議は二日深夜に至っても決せず、翌日の午前三時、ようやく「知事には、ひとまず八日市町としての承諾書を送達する。資金の調達方法はあらためて協議する」ということで閉会した。

飛行場に近い金屋・八日市は商売などいろいろな面でメリットが考えられるが、浜野は離れていて期待できない。それを平等に町費負担で対応しようというのはおかしい、というのが浜野出身議員の言い分であったように思われる。この結論がどうなったのかはその後の「清水日記」にも記録されておらず、不明である。しかし、まもなく各議員が手分けして寄付の勧誘に歩いているので、寄付説と公債説が折衷されたかたちでまとまったのであろう。

清水元治郎は、会議終了後の日記に「多年、町民非難攻撃の焦点たりし飛行場もついに光輝ある希望の貫徹を見るに至りたるは本町の幸福たり。（中略）故荻田飛行家の飛行に端を発し、第二翦風号飛行機によりて米人ナイルス・チャンピオンの両飛行家の飛行あり、昨年また陸軍特別大演習の時、多くの陸軍飛行によりて今日ここに名誉ある光明を発するに至りたり。聞くが如くば、五〇万坪の広漠たる飛行場は日本一にして又東洋一なり」とその喜びを記している。

滋賀県が陸軍省に寄付するための用地買収価格は、田畑一坪三〇銭、山林一坪一三銭、原野一坪七銭の予定であった。

しかし、この話が伝わると、すぐに「もっと高い値でなければ応ずるな」という声が一部に持ち上がった。また、「イザ飛行場設置の噂が流れて土地の思惑が始まり、転売しきり」(「大阪朝日新聞京都附録」)という状況も出てきた。このため、大正七年(一九一八)五月一一日付「大阪朝日新聞京都附録」(滋賀版)には、これらの動きに警告を与えるためのつぎのような県有力者の談話が掲載されている。

航空大隊の設置を見るだけにても蒲生・神崎各郡の発展、想像に難からざるものあり。ましてこの上師団の編成実現するに至らば、いかに県の発達を促進するか云ふまでもなし。殊に今が今、潔く同隊敷地の買収に応ぜざれば、陸軍省は敷地を他府県に変更するやも計られず。高値に非ざれば買収に応ず可からずなど、既に多数地主の扇動に着手せる者あり。これ、県と国を思はざる輩にて、予算通りの買収に応ぜざる者には勢ひ土地収用法適用の外なきに至らん。

このような中で、八日市町では陸軍第三航空隊新設にかかる一切の事項を協議するための委員七名を町議会議員のなかから選出した。村上磯吉《むらかみいそきち》・福原四郎《ふくはらしろう》・山本喜三郎《やまもときさぶろう》・小沢豊治郎《おざわとよじろう》・山田徳兵衛《やまだとくべえ》・住井雄喜《すまいたけのぶ》・清水元治郎である。この委員会は、毎月七の日の午後七時から定期的に会合を持つように申し合わせた。

五月一七日には、墓地の合併移転が協議され、六月六日には滋賀県土木課の職員が来町し、八日市駅から飛行場までの新道建設のための測量を行った。

駅前から東に向かい、現在の八日市高校から南に折れて伸びる道路である。この時、その突き当たりに憲兵屯所《とんしょ》を置くことも決まった。

五月二日に「陸軍第三航空隊新設につき内議」があってから、わずか一か月たらず。まことに矢継ぎ早の措置である。

このころの清水元治郎の日記には「終日、修交館に在り飛行場の件尽力す」「終日、終夜修交館に詰め切る。家に在らず」などの記述が目立ち、その熱意のほどが伺われる。

六月八日、一〇日には、委員会で寄付金募集への取り組み強化が話し合われ、六月一六日から一七日にかけては、県外の八日市町出身者にたいする勧誘が行われた。

清水元治郎は、このとき熊木九兵衛とともに寄付勧誘のため大阪に出張している。最後まで「民間飛行学校設立」を主張してきた九兵衛も、大勢にはいかんともし難く、陸軍第三航空隊誘致のための寄付勧誘に協力したものと思われる。県外在住者向けに、これまで新聞などによく登場していた九兵衛のネームバリューを利用しようと、町が依頼したものだろうか。

しかし、熊木九兵衛の名前が「清水日記」に出てくるのもこれが最後となる。

地鎮祭から開隊式まで

陸軍省への飛行場敷地寄付の件は、大正七年（一九一八）五月に内議があったが八月に入ってもまだ最終的な詰めには至らなかった。

五〇万坪という広大な用地を提供しようというのであるから、いまならいくら早くても三、四年くらいの期間は必要である。しかし、大正時代の感覚でいくと、しかも軍が関係する事業であるだけに内議から四か月たってもまだ話がまとまらないというのは、まさに異常事態というほかなかった。

滋賀県知事・森政隆《もりまさたか》は、八月二四日、各新聞社に全文約二〇〇〇字の「飛行場設立経過」を公表し、同書一部を京都の師団本部へ送致した。事業遅延の原因をあえて公にし関係者の猛省を促そうというものであった。

書き出しは「予は、今回県下公共の為、万難《ばんなん》を排して八日市飛行場の設立の断行を決意せり。依って此に従来の経過並びに予の決意を為したる所以を県下人民に示す所あらんとす」となっている。

つづいて森知事は、わが国の現状に鑑み軍事上一日もゆるがせにできないものとして、「飛行機の発達」「そのための高空観測」および「自動車の発展」の三つを挙げている。

「飛行場設立経過」のあらましはつぎのとおりである。

高空観測については、伊吹山観測所建設を計画したところ、三日のうちに必要経費一万円のほぼ倍にあたる寄付金が集まった。ついで飛行場設置にとりかかり、土地買収費の不足額・地均費・雑費などについて県民の寄付を仰ごうとした。だがこれは、数か月も延引していまだに結論をみない。

その原因は「各町村に属する割り当て額は、さしたる故障なく大概まとまりたるに拘わらず、其の外のいわゆる富豪と称する者の寄付中にまとまらざる所あり。為に、今日まで依然其の決定を遷延するの止むを得ざる」状況にあるという。

本人の名誉のために敢えて名前は明らかにしないが、その「富豪」は蒲生・神崎両郡の住民で現に地位名望を有する一、二の者である。彼らが陸軍飛行場の設立に反対し陰に陽にその妨害を行っているとの風評があるが、もしそれが事実とすれば以《もっ》ての外《ほか》のことと云わざるを得ない。

そして「一、二妨害者等の為に之（飛行場設置）を廃するは遺憾極まりなきのみならず、将来に悪例を遺すの虞れあるを以て、予は断然ここに万難を排して之が設立決行を宣するに至」ったと決意を述べ、「県民もそれを諒《りょう》とし、必ずや予の赤誠に依信」してほしいと訴えている。事業の妨害をしているという「富豪」は、割り当てられた寄付金の額に不満があり、同様な気持ちをもっている者に呼び掛けて県の要請をボイコットしようとしたものらしい。

非協力者を名指しせんばかりの森知事の強引な世論操作が実を結んだのか、その後の交渉は順調にすすんでいった。

滋賀県は御園・玉緒両村に属する一一万三〇〇〇坪を、残りの三〇余万坪は八日市・玉緒・中野・御園の各町村が買収に入った。八年三月には県の関係した買収が完了し陸軍省に寄付した。この間、地主はそれぞれの所有地の立ち木を伐採し持ち帰った。また、大規模な射撃場を旭村伊野部《いのべ》（東近江市五個荘伊野部町）に設置することも、このころに決まった（大正八年三月八日付「大阪朝日新聞京都附録」）。ただし、「大規模な射撃場」が伊野部のどこであったかは不明である。

大正八年（一九一九）六月、すべての買収と寄付が終わって保存登記の手続き開始。九年三月に全部これを完了して、沖野ケ原一帯五〇万坪は陸軍軍用地となった。

陸軍省より内議があってからちょうど二年目の大正九年六月一日に、「陸軍第三航空隊地鎮祭」が滋賀県主催で執行された。

当日は汗ばむような皐月《さつき》晴れ。

午前一一時から式典が行われ、陸軍大臣（代理、上原大佐）以下佐官等一〇数名、貴・衆両院議員、県議会議員、一〇〇円以上の寄付者ら五〇〇名以上が集まった。

主催者側としては新たに就任した堀田義次郎知事以下、内務部長・警察本部長ら多数であった。一時間三〇分におよぶ式典のあと、宴会に移り堀田知事があいさつをした。つづいて踊り、模擬店、曳山、数一〇発の煙火打ち上げなど宴会は盛り上がった。

町の中は国旗・紅灯・松枝で飾られ、近郷近在からの人の出で賑わった（以上「清水日記」）。

清水元治郎のこの日の出来事を記した日記は、平常日の記録とちがって書体が一字一字丁寧である。彼がこの地鎮祭をどれだけ真摯に喜び、どれだけ厳粛に受け止めていたかが伺われる。

彼は日記の最後を「本町公識者の我等ならびに有志の尽力空《むな》しからず。遂に本日を卜《ぼく》して当該沖野飛行場に於いて盛大なる地鎮祭挙行の事あるに至れり。本町の面目一新、ここに国家的軍事的に枢要地に数へらるるに至りたるこそ実に芽出度《めでた》かりけれ」と結んでいる。

工事は大林組が請け負った。

大正九年九月はじめには、飛行場中心部約二〇万坪の整地工事が終わり、兵舎を御園村地先に設置する方針がまとまった（大正九年九月二日付「大阪朝日新聞京都附録」）。

大正一〇年に入ると、工事はさらに急ピッチですすみ、毎日工夫七〇〇人を投入、二月には八分通りの完成をみた。

新飛行場は、亀甲型をしていて西北にごくゆるやかな勾配をもち、西北からの風が多いので風の方向に向かって飛び立つのには絶好の地形であった。

八日市町では、飛行場道路の新設をはじめ将校住宅や公会堂の建設計画を打ち出し、それぞれの事業進捗に取り組んだ（大正一〇年二月二日付け前掲紙）。

同年六月二七日付けの大阪朝日新聞には、竣功間近の八日市飛行場訪問記が掲載されている。「五〇万坪と聞いて広く、見て広く、赤松林の霞《かす》んで見えるも無理はない」と飛行場のあまりの広さに記者は感心している。

総工費四〇〇万円。すでに一個大隊収容の兵舎は完成しており、火薬庫・格納庫・将校下士官集会所がつづいて着工予定となっている。工事現場で警戒に当たっていた憲兵に新聞記者が「荻田常三郎と八日市飛行場とのつながりを知っているか」と尋ねたところ、「何も知らない」との返事で「こうして次第に忘れ去られていくのは嘆かわしい次第」と書いている。

さらに訪問記には、近く将校が来町するので住宅が不足するとの噂が広まり、家賃を五割アップする家主が出てきて借家人を泣かせているとの話や、近江鉄道駅舎改築問題・同鉄道の国有化問題・道路の拡張問題など町づくりの課題にも触れつつ、最後は「飛行場から中学校建設まで、大分絞られた八日市に此の上の注文は無理」と、大事業を抱えた苦しい町財政に同情している。

大正一〇年（一九二二）一一月七日、岐阜県各務原の陸軍航空第一大隊で編成された航空第三大隊が八日市町に移駐した。

八日市町からは、前日、横畑耕夫町長や清水元治郎町議らが岐阜まで後藤元治《ごとうもとはる》中佐ら一行一四二名の出迎えに赴いた。当日、すでに五箇荘《ごかしょう》駅で学校生徒・在郷軍人らの歓迎があった。八日市駅前にはアーチが建てられ町内は国旗や提灯で飾られた。駅前には八日市町および近隣各村の団体・小中学校生・在郷軍人会その他多数の出迎えがあり、一行は午前一〇時四〇分八日市駅に到着した。

翌一一年一月一一日には、開隊式が行われた。

それを報ずる新聞には、大正三年の荻田常三郎の郷里訪問飛行が八日市飛行場開設のきっかけになったこと、予備陸軍少尉熊木九兵衛がその遺志を継いだこと、横畑耕夫町長らが航空第三大隊の誘致に尽力したことなどを紹介している。

後藤大隊長は当日の式辞の中で「本邦航空界に先駆して、民間飛行場を設置したる歴史ある当地」と八日市飛行場を称えた（大正一一年一月一二日付「大阪朝日新聞京都附録」）。

大正10年11月、八日市町側も出席した陸軍航空第三大隊の開隊式

大正10年11月、完成した航空第三大隊の兵舎前で整列する兵士
（２点とも二橋省之氏所蔵）

大正11年１月ごろの八日市飛行場（帝国飛行協会雑誌発行所『飛行』３巻４号より）

帝国飛行協会の機関雑誌『飛行』の大正一一年四月号には、陸軍大尉で一等飛行機操縦士の資格をもつ谷甚吉《たにじんきち》による「雪に埋《う》もれて――八日市飛行場」と題した投稿記事が掲載されている。一部を引用する。

民間飛行家故荻田常三郎君が、最初使用せし飛行場はほんの一部にて、現在は兵舎、格納庫等の建築物の坪数を加へれば実に五十万坪を算し、地盤は堅牢《けんろう》、雨雪の吸収乾燥は迅速《じんそく》にて理想の飛行場に有之候《これありそろ》。

この文章とともに載っているのが、上の写真である。

思えば、荻田常三郎の初飛行の日から足掛け八年を経過していた。この間には、彦根・膳所・水口につぎ県下で第四番目の八日市中学校誘致事業もあった。

横畑町長の姪にあたる木村好恵さんは、後日、同町長が「飛行場問題のときには、大勢が竹槍をもって押し寄せてきた」と語っていたことを覚えておられる。まさか町長に本当に竹槍が突き付けられたとは思われないが、飛行学校設立の話が宙に浮き、飛行場の管理運営の見通しもないまま町税がアップするなど曲折が多かった時期には、みんなが殺気立ちそれぞれに必死になっていたことだろう。

大正一一年（一九二二）四月三日、八日市町功労者表彰式が行われ、航空隊・中学校設立に関する表彰として横畑耕夫町長に金五〇円が、熊木九兵衛ほか九八名に銀盃《ぎんぱい》三組などが表彰状とともに手渡された。

第8章

陸軍八日市飛行場　余話

初期民間飛行場の範囲

第三章で用いた「土地買収ニ係ル書類綴」でわかるように、飛行場用地全面積の六割強を占めていたのは小字「梅ヶ原《むめがはら》」である。草創期の沖野ヶ原飛行場の中心部は、その辺りであったにちがいない。また、荻田常三郎が翦風号による郷里訪問飛行のときに離着陸したのも、その地であったと推測する。

民間人でありながら荻田常三郎の飛行計画を陰で支え、荻田亡きあともその遺志を継いで民間飛行場の建設と翦風号の復元に努力したのは熊木九兵衛であった。彼は、字「梅ヶ原」に二町歩余の土地を所有しており、低価でそれを飛行場用地として売却したといわれている。「土地買収ニ係ル書類綴」にもとづき、小字「梅ヶ原」「正覚《しょかく》」「宮ヶ原《みやがはら》」「神山《かみやま》」「沖《おき》」など初期の飛行場の範囲が、現在の東近江市のどの辺りになるのかを推定してみよう。

飛行場用地として買収された小字や地番は「綴」によって明らかである。ところが残念なことには、買収された土地がのちに一括して「陸軍省用地」になったため、現在では旧沖野ヶ原一帯は古い小字や地番がすべて消え去っているのである。さらに、飛行場用地にはならなかった青葉《あおば》町（旧金屋《かなや》・中野《なかの》の一部）・幸《さいわい》町（旧金屋・外《との》の一部）についても、現在、小字名は使われなくなっている。

だが、そんな中で八日市市役所税務課（当時）の協力を得て、明治期の地券図や大正四年（一九一五）八月調整の「公図」、そして現在残された地番などを参考に、およその飛行場の位置を推定することができた。

結論からいうと、それは八日市南高等学校グラウンド東側を東限にして、野々宮《ののみや》神社南部御旅所付近など市道の金屋・尻無《しなし》線付近を西限とした一帯であろうということである。聖徳《せいとく》中学校から八日市南高校方面に、市道の外・中野線が走る。この外・中野線は、明治期の地券図に後に書き込まれたもので、飛行場造成時につくられ、その北限に該当する道路である。この道路は昭和四〇年代まで、リヤカーや軽三輪トラックがようやく通れるくらいの細い道であったという。

南限は、公図にも表れる小字「梅ヶ原」の南側で、畑街道（四つ辻から中野を経て札の辻に至る道、旧の第二防風林の線か）が想定される。

以上、東・西・南・北の軸で囲まれた一帯が初期の「八日市飛行場」であったと考えられる。その具体的な根拠を二、三点あげておきたい。

①外・中野線と金屋・尻無線の交点に、旧八日市キーセンター（大槻堅城さん・青葉町）がある。ここが元は、小字「正覚」百八十七の一であったことが明らかになっている。大槻さんからお聞きした話では、この辺りを「又七《またしち》屋敷」と呼んだとのことである。

前出の「土地買収ニ係ル書類綴」を見ると、小字「正覚」の百八十八、百八十九が田中又七名義で飛行場用地として売却されている。そのことから、外・中野線と金屋・尻無線の交点から南東方向に飛行場が広がっていたものと考えられる。田中又七さんというのは、かつて奥金屋（現・金屋三丁目）で粉屋をしていた人である。

聖徳中学校前の道路、外・中野線の北側に、野瀬芳之さんのお家がある。ここは、字「向林《むかいはやし》」一二一―六である。「向林」は旧中野村の地籍であり、のちに一部が陸軍飛行場用地になった。しかし、初期の民間飛行場用地の買収対象ではない。したがって、その北側にある聖徳中学校付近は当初の飛行場ではなかった。

②八日市南高校前に、田中茂男さん（金屋三丁目）が所有される畑がある。ここは、字「横《よこ》道《みち》」五五―一である。この土地のすぐ南西部に、買収対象として「綴」に記載された字「狐塚《きつねつか》」四十二番地、四十三番地が「地券図」で発見できる。なお、現在の八日市南高・校門付近にあたる小字「横道」は当時すでに地目が畑になっていて、最初の飛行場用地買収の対象には上がっていない。

③八日市南高等学校の東前にある幸町・左近《さこん》鋼一さん宅の権利書には、「外町若松七〇八―五、九」と記されている。旧の御園村地籍である。左近さんの家から西が金屋の地籍になるので、八日市南高の東側道路が飛行場の東限と考えられる。

八日市飛行場全景（当時の絵はがき）
右上円内の顔写真は、『八日市と飛行場』掲載の写真から、神谷正男で、飛行機は彼の操縦によるものと推測される。神谷は所沢陸軍飛行学校の最初期の卒業生で、大正11年に陸軍第三航空大隊副官に着任した。

これに関係して、中川三治郎さんからは、「八日市飛行場全景」という説明のついた絵はがきの写真をいただいた。茫漠と広がる沖野ヶ原に、ある程度区画整地された飛行場の姿が確認できる。興味深いのは、絵はがきの下部に石積みが写っていることだ（上の写真参照）。

中川さんが聞いておかれたお話では、この石積みは昭和三〇年代まで存在した、小林事務機株式会社付近の動力式揚水場であろうということである。地元の堤清八さん、堤康太郎さんにお尋ねしたが、この揚水場は大正初期に、周辺部の畑地を水田化するため建造されたものだという。最初は蒸気を動力源に稼働していたそうであるから、非常に古い。

この揚水場を一つのポイントとして考えると、飛行場は揚水場より西に広がっていたようにも見える。そうなると、飛行場の主要部は小字「若松《わかまつ》」にあったと考えなければならないが、これまでに述べたとおり、当初、飛行場用地の買収は大半が金屋側で行われていたことが書類により明らかになっている。

この写真には複葉機が写っているので、大正六年（一九一七）一一月に陸軍特別大演習会が湖東地方で行われ、沖野ヶ原が飛行機の臨時離着陸場となった時期のものであり、飛行場が東に広がった段階で撮影されたものであろうと考えたい。

以上、いくつかの推定根拠により、初期飛行場の範囲（推定）を現在の東近江市地図に下ろしてみると、別図のようになる。

中川三治郎さんからは「飛行場土地買収同登記済証書類綴」（大正四年）も借用した。「登記済証書類綴」には「八日市飛行場土地課」の名称が記載されてあり、当時の八日市役場に、すでにそのような名称の課が新設せれていたことがわかっておもしろい。また、小畑常次郎との工事契約書にも「八日市飛行場」の名称が記されているので、日本最初の民間飛行場の正式名称は「八日市飛行場」であったと確定できる。「沖野ヶ原飛行場」というのは俗称で正式名称ではない。

この「登記済証書類綴」を調べてみると、大正三年（一九一四）の「土地買収ニ係ル書類綴」に記載された用地のほかに新たに次の小字が出てくる。

字「横道」が一筆で約三畝（地目・畑）
字「能《の》（野）」が一筆で約三畝（地目・山林）
字「若松」が三五筆で約七〇町歩（地目・山林）
字「八石前《はちこくまえ》」が二筆で約一反（地目・畑）

「横道」と「能」は金屋の地籍である。

字「若松」は当時の御園村の地籍である。字「若松」は金屋の「梅ヶ原」「沖」と隣接している。飛行場の地形を整えるため買収が必要となったのであろう。「登記済証書類綴」で調べると、買収された字「若松」のうち、八筆約二〇町歩は土地所有者が金屋の住人であったことがわかる。八日市町が陸軍第三航空大隊を誘致して以降、飛行場の範囲は最初の「沖野ヶ原」からさらに東へ、当時の御園村・玉緒村の方向に広がってゆく。

なお、『近江神崎郡志稿』の「旧沖野原飛行場」の図面は、神崎・蒲生郡に沿い、北西から南北方向に縦長の地形が書き込まれている。今回、本稿で作成した飛行場の範囲図と形態が異なっている。まだまだ、疑問点は残されているが、これまでの資料で検証したおよその位置は間違いないと考えている。そして、翦風号が飛んだのは、八日市南高等学校グラウンド辺りであろうと、私は推定する。

民間飛行場の範囲は、その後、広大な陸軍飛行場に包含されたため、当初の民間飛行場にかかわる小字名は残っていない。

しかし、大正四年の「飛行場土地買収同登記済証書類綴」から、八日市南高校を中心とした一帯が、「日本最初の民間飛行場発祥の地」であり、荻田常三郎の「翦風号が飛んだところ」であると推定することができる。

これらの用地買収資料を調べみて、つぎのことが明らかになる。

① 最初の「八日市飛行場」の範囲は、東が当時の八日市町と御園村との境界までであること。西は八日市町と中野村との境界まであること。

② 買収された範囲は、小字「梅ヶ原」「正覚」「宮」「神山」「沖」「狐塚」で買収面積は一〇町六反（約一〇五ヘクタール）であること。これらの小字を明治時代の「地券地図」で調べたものが次ページ地図上の点線①である。

③ 旧飛行場用地の道路北側に現在も「正覚」の小字名が残っていること。

④ 当時の「八日市飛行場」の絵はがきに写った大正時代の揚水場（ポンプ場）が、昭和三〇年代まで八日市南高校の前に存在していたことから、飛行場の北端は同高校前面の道路であったと推定できること。

およそ、以上のような条件を材料に、現在の地図の上に当時の「八日市飛行場」の範囲を点

八日市飛行場の範囲の変遷（現在の国土地理院サイト地図に文字と飛行場の範囲の線を追加）

線で囲ってみた。実際は、直線で表せる地形ではなかったと思われるが、推定図では直線で記入した。「八日市飛行場」の南の境界線ははっきりしない。『近江神崎郡志稿』下巻に掲載されている「旧沖野原飛行場」の境界線を重ねると、北西から東南に細長い地形でほぼ重なることがわかる。陸軍飛行場となってからは東西と南北がほぼ同じぐらいの形に拡張されたが、民間機発着のための飛行場であった当時は、幅の狭い長方形の敷地で十分たりたものと思われる。

鉄斎畢生の屏風画

旧陸軍航空第三大隊・初代大隊長の後藤元治《ごとうもとはる》大佐（赴任時は中佐）が、富岡鉄斎《とみおかてっさい》に懇願し製作された屏風絵《びょうぶえ》「魁《さきがけ》」は戦争末期まで冲原神社の社宝とされてきた。

しかし、いまもって屏風絵「魁」の所在は不明である。

後藤元治大佐

後藤大隊長の子息（長男・太郎《たろう》、二男・元達《もとたつ》）が昭和三〇年（一九五五）に編纂《へんさん》・出版された『追憶』によると、元治は明治一一年（一八七八）、鳥取市の元池田藩士・古谷家に生まれたという。鳥取第一中学校、陸軍士官学校、砲兵学校へと進み、そのころ後藤家の養子となった。日露戦争では乃木《のぎ》希典《まれすけ》司令官の率いる第三軍に属し、旅順・二龍山《アルロンシャン》などの攻撃に参加した。陸軍士官学校教官を四年務めたのち、野砲兵第一三連隊大隊長に任ぜられた。

大正一〇年（一九二一）一一月、四三歳のとき岐阜・各務原《かかみがはら》航空第一連隊付中佐から八日市航空第三大隊大隊長として赴任した。

昭和初期の冲原神社

当時の飛行機がしばしば事故を起こしていたため、後藤大隊長は飛行場守護の神社の創祀《そうし》を志した。しかし、神社建立の予算はない。そこで、神社奉賛会を設立し官民から役員を出すとともに寄付金を募った。近郷の旧家などによい庭木などがあると、「神社のために」と寄贈を求めたりしたという。こうして、伊勢神宮から天照大《あまてらすおお》神《かみ》の分霊を奉じ衛戍《えいじゅ》神社を創祀した。「衛戍」は、軍隊が永久に駐屯する地を意味する。

昭和二年（一九二七）に、「冲原神社」という社名へ変わった。「冲原」という社名は誰が考えたのだろう。

漢和辞典で調べると、冲原神社の「冲」は「おき」とは読まず「ちゅう」と発音する。「冲天《ちゅうてん》」という言葉があって、「高く天に上る」ことを意味する。沖野ヶ原に開設された八日市陸軍飛行場に鎮座する神社として、「沖」の代わりに「冲」の漢字を当て、「おきはらじんじゃ」と称したことは、まことに当を得た発案であったと感心する。

後藤大隊長は大正一四年（一九二五）四月三〇日、在任三年六か月で航空第三大隊長から近衛師団兵器部長として転出、陸軍八日市飛行場を去っていた。

神社創祀に熱意を傾注した元大隊長には、事前に相談があり、衛戍神社から「冲原神社」への社名変更が実現したと考えたい。

後藤元治大隊長は多彩な趣味の持ち主で、美術鑑賞にもひとかどの見識を有し京都画壇には知己が多かったという。彼は、衛戍（冲原）神社創祀にあたり「社宝」として名画の蒐集《しゅうしゅう》をはじめ、木島櫻谷《このしまおうこく》・山元春挙《やまもとしゅんきょ》らの作品の寄贈を受けた。

さらに、大和絵《やまとえ》・南画《なんが》の大家として知られていた富岡鉄斎に作品の製作を依頼した。

このときの逸話として、後藤大隊長は六尺（一・八メートル）をこえる古杉の大きな板を鉄斎の画室に持ち込み、衛戍神社社宝にしたいと告げ、「ここへ棒を一本描いてもらえませんか」と懇望したのだという。すでに最晩年の域にあった鉄斎はなかなか首を縦に振らなかったが、ついに後藤大隊長の熱意に負け画筆をもった。大隊長は鉄斎の傍らで墨をすり、その画業を助

富岡鉄斎
（出典：近代日本人の肖像）

けた。数か月後に完成したのが屏風絵「魁」であった。

大画面の左上に北斗七星が描かれ、中央上部に風神が升をもち豆を撒いている。画面下に梅の古木が花開いているという大胆な図柄である。北斗七星は飛行機の指針となり「天の魁」、風神が厄を祓い梅の花が「地の魁」を表しているという。

鉄斎は大正一三年（一九二四）一二月に没しているので、この「魁」はおそらく彼の絶筆になったものと思われる。そして衛戍神社社宝のなかでも「魁」は最右翼に位置する作品となった。

昭和四年（一九二九）、後藤元治大佐は退役、民間人として昭和光機社長に就任。昭和一二年（一九三七）にはみずから日満工業株式会社（戦後、日興電機工業に社名変更）を興している。昭和二三年（一九四八）一〇月、七一歳で死去した。

敗戦の混乱で、初代大隊長・後藤元治が蒐集した冲原神社社宝はすべて散逸した。

後藤大隊長が富岡鉄斎に懇願し画筆を振るってもらった「魁」も所在不明となった。しかし、

「魁」の行方については、第四教育飛行隊が昭和二〇年（一九四五）三月、埼玉県児玉《こだま》郡児玉町（現、本庄《ほんじょう》市）・上里《かみさと》町にあった児玉飛行場に移駐したときに搬出されたとも伝えられている。元治の二男・元通は『追憶』文中に、「『魁』は埼玉県本庄市付近の社寺にあるとか」と記している。終戦当時の第八航空教育隊・隊長代理であった奥村吉弥《おくむらきちや》が「本庄市の毘沙門天《びしゃもんてん》を祀った社寺に預けられた」と聞いていた旨を記した一文もある。

さらに、昭和二二年（一九四七）、美術雑誌『みずゑ』誌上に作家の武者小路実篤《むしゃのこうじさねあつ》が鉄斎晩年の作「魁」を見てその紹介文を数ページにわたり寄稿していたとも記されている。

昭和五七年（一九八二）、「沖野原戦友会」の会長・小西竜夫《こにしたつお》さんが富岡鉄斎「魁」探しに取り組まれた記録がある。これによると「魁」は「某出版関係の会社の手に移っているのらしい」とのことであるが、所在を突き止めるまでには至っていない。

私もかつて、ささやかながら「魁」探しを試みた。

富岡鉄斎作品を収集・研究・展示していることで広く知られる、兵庫県宝塚《たからづか》市の鉄斎美術館（清荒神清澄寺《きよしこうじんせいちょうじ》）を訪れ「魁」についての消息を訊ねたが、鉄斎年譜にはその記載がないとのことであった。同館では、「魁」が鉄斎の作品として確認（認知）されていなかったのである。

さらに、鉄斎作品の収集で知られる滋賀県長浜市高月町唐川《からかわ》にある布施《ふせ》美術館を訪れたが、やはり鉄斎「魁」の存在は知られていない。

しかし懲《こ》りずに、今度は埼玉県の本庄市教育委員会文化財保護課へ電話での照会を試みた。同市文化財保護課では、「毘沙門天を祀った社寺」とは旧児玉飛行場から南に五キロメートルに位置する十二天山《じゅうにてんやま》（標高三六四メートル）山頂に鎮座する秋山《あきやま》十二天社のことではないかとの回答があった。戦時中は戦勝祈願で賑わっていたとのことで、現在も地元自治会により守られているという。本庄市教育委員会を通じて地元長老に、秋山十二天社に「魁」が管理されたことがあったかを照会してもらったが、「そんな話はまったく聞かない」という。

以上のような次第で、陸軍八日市飛行場に因縁をもつ富岡鉄斎の屛風絵「魁」は、いまもって所在が不明である。鉄斎の年譜には記載はないが、当時の後藤大隊長が屛風絵「魁」の前に立つ写真（元治の孫にあたる後藤常元氏提供）がその存在を実証している。

元治次男の元通は「魁」について、『追憶』につぎのように綴っている。

おそらく鉄斎の作品中でも最高の作品であるこの「魁」が大衆に公開され、光り輝くときもいつの日か来るであろうが、この「魁」の由来を知っている私等にとっては、戦後の経緯はどうであろうと、国宝であるべきこの名画を納めるべきところに納めてこそ意義があるという父の念願の一日も早からん事を祈念するものである。

その後、平成二三年（二〇一一）一〇月、鉄斎美術館から「それらしい写真が見つかった」という連絡をいただいた。

同年一一月二四日、境内の銀杏の古木がみごとに黄葉した清荒神清澄寺を再訪し、学芸員・奥田素子《おくだもとこ》さんにお出会いした。

彼女から示されたセピア色の写真には、二メートルはゆうに超える衝立《ついたて》と、傍らに立派な髭をはやした制服姿の軍人が立っていた。

衝立の図柄は、中央上部に白梅を踏みしめた風神、右上に北斗七星が描かれている。衝立の横に立つ軍人は、もちろん後藤元治大隊長である。鉄斎の孫にあたる人から、同美術館に寄託された膨大な資料を整理するうち、たまたま見つかった写真であるという。

奥田学芸員のお話はつぎのとおり。

「魁」（正式名称は「魁星図《かいせい》」）は、鉄斎が六九歳の時の作品「魁星図賛」と同一モチーフであること。右下の賛（画面余白に添え書きされた文）に「九十叟《そう》（「翁」の意）」と記されており、鉄斎最晩年の大正一三年（一九二四）の作品であることは明白である。これだけの衝立に仕上げるには、三、四か月が必要であり、鉄斎は完成した衝立を見ないまま死去しているかもしれないとのこと。

掲載した写真は先の『追憶』掲載のもので人物と衝立が切り抜きとなっているが、もとの写真では衝立の背景は白壁と黒光りした腰板（壁の下部に張る板）であった。「魁」が置かれていた

富岡鉄斎筆「魁星図」と後藤元治大隊長
（後藤太郎編『追憶』より）

のは、航空第三大隊の貴賓室もしくは会議室なのかも知れない。見事に仕上がった衝立を背景に立つ自らの写真を、後藤大隊長本人が鉄斎の遺族に贈ったものとも考えられる。

　こうして、鉄斎幻の作品「魁」が存在していたことを、美術館が確認された。同席してくださった森藤光宣館長が「これだけの衝立が失われるはずはない。どこかにあります。じっくり探しましょう」という言葉がいまも忘れられない。

　令和四年（二〇二二）一月一〇日、東近江戦争遺跡の会主催で、陸軍八日市飛行場開設一〇〇周年を記念する「お話の会」をもった。このとき、鳥取県にお住まいで特攻隊の隊員に関する著書などのある細田《ほそだ》京香《きょうか》さんを講師の一人としてお招きした。その節、たまたま細田さんに後藤正治大佐の「魁の屏風」が行方不明であることを話したところ、細田さんが再調査を試みてくださった。

その結果、宝塚市の鉄斎美術館では同作品の追跡調査をすでに断念していることや、美術誌『みずゑ』誌上には「魁」屏風に関する武者小路実篤の寄稿文は掲載されていないことなどがわかった。

結局、「現存」しているかどうかは不明のままである。

松根油の製造所「こえまつや」

太平洋戦争当時、軍艦・航空機など武器製造のため、寺院の梵鐘をはじめ、家庭の鍋・釜さらに指輪・服のボタンの類に至るまで、ありとあらゆる金属の供出が強制された。

当時は、国内で生産・採取が可能な資源をみつけ、石油に代わるエネルギーを取り出す試みも盛んに行われた。

蒲生郡西大路《にしおおじ》村平子《ひらこ》（現、日野町平子）では、昭和一七年（一九四二）以降、若宮神社会議所に海軍陸戦隊の隊員三〇名余りが寝泊まりして、近くの鉱山から産出する亜炭《あたん》から良質の油を抽出する研究をつづけていた。隊員たちは食用にする野菜作りまでして、二、三年の間、同会議所に居着いていたという。

いっぽう、御園《みその》村野村《のむら》（現、東近江市野村町）の県道沿いには、松の根から「松根油《しょうこんゆ》」を製造する「こえまつや」という工場があった。

「こえまつや」は、もともと、戦前から同地に存在していた。

大正一一年（一九二二）、陸軍八日市飛行場の開設がきまり松林が開拓されることになった。そのとき、不要となった松の根から船舶の金属材料に発生する錆《さび》を防ぐ防錆《ぼうせい》剤の原料を採取することを目的に、京都・伏見の「オサダ」という人が事業を進めていたのである。六畝《せ》（約六アール）ほどの広場に建物が一つ、窯《かま》が三つつくられていた。

大八車で運ばれてきた松の根を三〇センチくらいに伐り、細かく割って窯で蒸し焼きにする。滲み出た松根の油は、窯から伸びたパイプのなかを流れ水中を潜り冷却される。その結果、コールタールのような松根油が採取された。松根油を採取した残り滓は木炭になるので、何一つ無駄がなかったという。

「こえまつや」という名称は、「肥えた松」という意味であったらしい。

太平洋戦争の激化とともに、松根油は石油不足を補う航空燃料として活用されるようになった。松根油の生産は政府の管理下に置かれ、「こえまつや」も滋賀県農業会のもとでの事業が進められることになった。

六畝の広場では手狭になり隣接する村有林が開墾されて、製造場として使用された。勤労学徒らが掘り起こした松の根が、各所から馬車などで集められるようになった。五、六人が作業に従事し、窯も六基に増設されたという。

このように戦時中は事業が拡大されたが、終戦によりいったん閉鎖となった。

その後、水口の町田利三郎《まちださぶろう》という人が「こえまつや」の権利を買い取って松根油製造を再開したが、採算が合わなくなり間もなく廃業したという。跡地は遊園地になり、さらに土地改良事業が進められて現在では水田になっている。

戦後、石油は海外から輸入されるようになった。

以上は、山本鉄治郎さん（東近江市野村町）、松吉覚太郎さん（東近江市八日市金屋）からお話をうかがった。

木製・超大型輸送機の炎上

昭和二〇年（一九四五）七月、双胴の見慣れない超大型輸送機が陸軍八日市飛行場に飛んできた。当時の目撃者の話によると、この飛行機はいかにも着陸しづらそうに、飛行場上空を何度も旋回していたという。

終戦まで八日市航空分廠（陸軍飛行場付属の整備工場）で働いていた中川三治郎《なかがわさんじろう》さんは、着陸した輸送機の近くまで行ってみて、その大きさにびっくりしたと話しておられた。

『航空情報別冊　太平洋戦争　日本陸軍機』（昭和四四年　酣燈社《かんとう》）に、この双胴の大型輸送機は、

「おおとり」（キ105）
（『日本陸軍航空隊　写真集』より）

京都飛行場で試験飛行するキ105
（『太平洋戦争日本陸軍機２版』より）

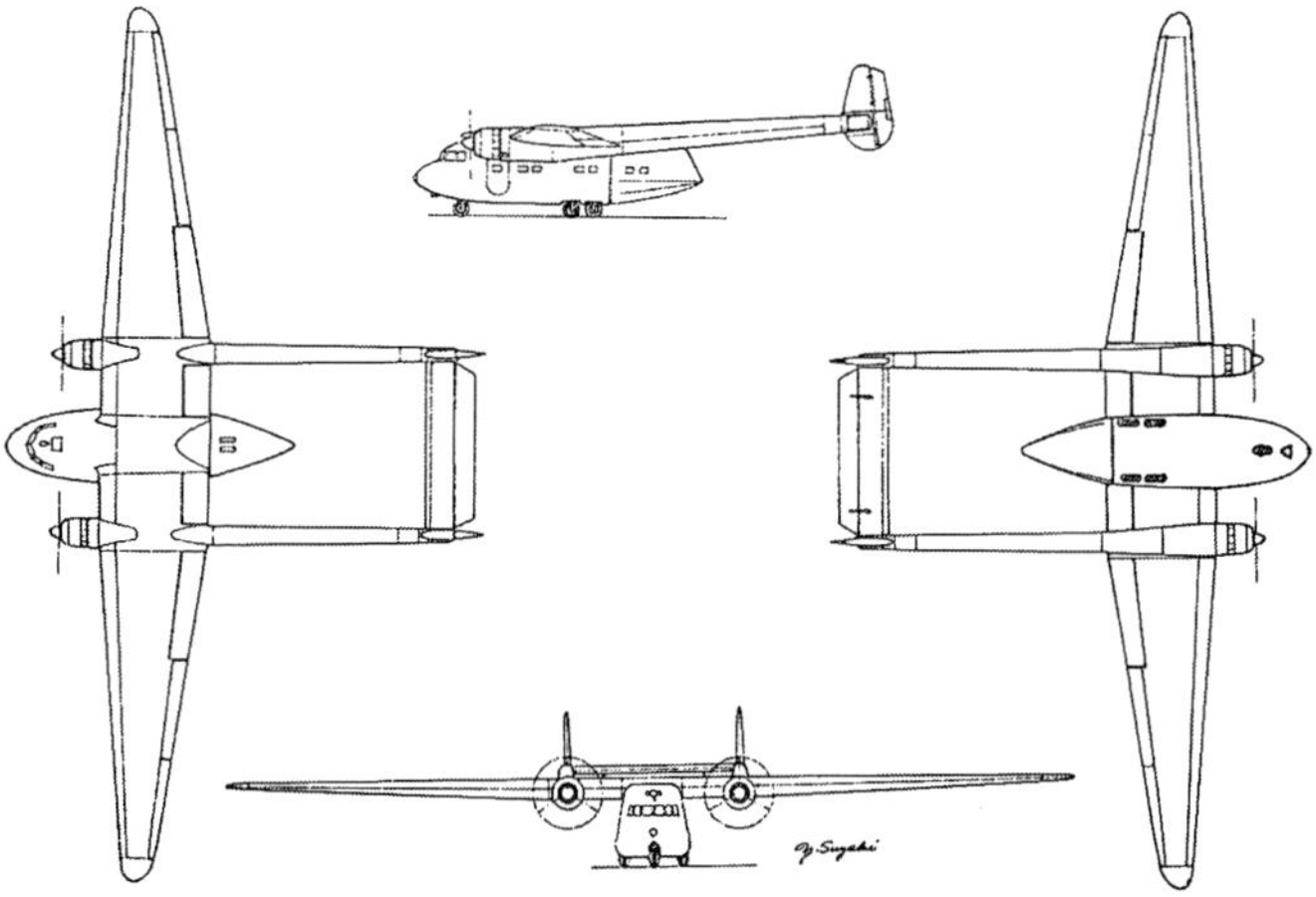

キ105輸送機四面図（鈴木幸雄作図、『太平洋戦争日本陸軍機２版』より）

通称「おおとり」（制式名＝国際キ一〇五）と呼ばれていたと記している。資料を見ると、全幅（翼の端から端までの長さ）三五メートル、全長（機首から尾翼までの長さ）一九・九メートルとなっている。乗員は五名で、中央胴体部に兵隊四〇名を載せることができた。日本陸軍の最大巨人機であったという。

「おおとり」の特徴は、中央胴体部は軽金属であったが、それ以外の主翼・双胴・尾翼が木製であったことである。昭和二〇年初頭から、日本国際航空工業京都製作所（京都府久御山町《くみやま》）で製作が開始された。

機体のほとんどが木製であるため、京都・滋賀・奈良の民間の木工所が総動員され部品造りに関わった。

藤沢伊三郎《ふじさわいさぶろう》さん（東近江市今崎町）は、当時、犬上《いぬかみ》郡高宮《たかみや》町（現、彦根市）に木工所を持ち、「おおとり」の機首・尾翼の製作に従事しておられた。藤沢さんの話では、材料はすべて上質の木《き》曾檜《そひのき》を使用したとのことであった。組立場所として小学校の講堂も利用された。藤沢さんが製作された「おおとり」の木製部品の一部は、東近江市下中野《しもなかの》町にある滋賀県平和祈念館が準備室だった時期に寄贈されているので、現在も保存されているはずである。

陸軍は当初、大型輸送機「おおとり」によって軽戦車や兵隊の輸送を計画していた。しかし、アメリカ軍に東南アジア海域の制海権を支配される事態となり油送船での原油輸送が不可能となった。スマトラ（現、インドネシア共和国）周辺からの原油運搬に「おおとり」を投入することを真剣に検討するようになった。油送船とは比較にならない非能率な方法ではあるが、それくらい日本は原油不足に陥っていたのである

昭和二〇年（一九四五）、陸軍は国際キ一〇五の三〇〇機量産指示を出した。一時期は、「おおとり」五〇機近くが京都工場の組立ラインに並んだ。しかし、空襲の激化や物資不足、工員の徴兵・学徒動員の練度低下などで生産ははかどらず、しかも組立工場が直撃弾による大被害を受けたため、完成したのはわずか九機であった。

完成機は陸軍八日市飛行場に運ばれ飛行訓練が行われたが、昭和二〇年七月二四日早朝、米艦載機グラマンの編隊が八日市飛行場を空襲、このとき飛行場に駐機していた「おおとり」は、艦載機の攻撃を受けすべて炎上したという（『太平洋戦争　日本陸軍機』）。

木製の飛行機で原油輸送を計画、その虎の子の輸送機すら空襲で失うなど、戦争末期のものはやどうしようもない状況が、陸軍八日市飛行場の歴史には刻み込まれている。

エピローグ

大正八年（一九一九）版『彦根中学校同窓会名簿』には、熊木九兵衛の住所は「東京市神田区《かんだ》」になっている。翌九年に彼はさらに寄留先を変え、東京市内の某商店綿糸《めんし》部員として働いている。九兵衛は大正七年末から八年の間に、家族を八日市に残し単身で東京に出ているのである。このようななかで、大正九年に長男が誕生した。大阪に住まいをされていた熊木貞雄さんである。

貞雄さんは、小学校一年生一学期ころまで八日市で暮らしておられる。それまでの数年、九兵衛は東京で働き時折妻子の住む郷里に帰るという生活をつづけていた。

おそらくこの間ではないかと思われるが、九兵衛は株に手を出し、わずかに残されていた資産をもすべて使い果たした。

昭和の初年、九兵衛は妻子を東京に呼んだ。東京での生活にすこしはゆとりができたのだろうか、あるいは八日市に見切りをつけたのだろうか。とにかくこれで、彼もようやく人並みに妻や子どもと一緒の暮らしをすることができるようになった。この喜びは彼以上に妻・志津こそがしみじみと味わっていたにちがいない。思い返せば結婚してこのかた、夫・九兵衛は家や仕事のことは一切顧みず、飛行機と民間飛行場にすべてを打ち込んできたのであった。そして、莫大な遺産を使い果たしてしまったのだ。

志津にとっての東京は、だれ一人身寄りも知人もない大都会である。だが、短時日のうちの凋落ぶりから「かわいそうに」とか「あの人が」とか、とかく後ろ指を指される八日市より東京のほうがはるかに暮らしやすかったにちがいない。

東京へ出てからの九兵衛は、妻にも子どもにも、飛行機のことはいっさい口にしなくなった。だから、熊木貞雄さんに翦風号や飛行場をめぐる父九兵衛の思い出話をお尋ねしても、ほとんどなにも記憶がないといわれた。

九兵衛が飛行機問題に没頭したのは、大正三年（一九一四）から六年にかけての四年間である。この間に彼はすべての情熱を第二翦風号に捧げ尽くした。彼がもう二度と飛行機の話をしようとしなかった気持ちは、私たちにも分かるような気がする。

東京の家に、第二翦風号のものというプロペラと翼の一部があったことを貞雄さんは覚えておられた。八日市時代のことは何もかも忘れてしまいたいはずの九兵衛であったが、この二つだけはなぜか大切に残していたらしい。

しかしそれも、昭和二〇年（一九四五）三月の東京大空襲で家とともに焼失した。


貞雄さんの記憶では、九兵衛は何ごとにも徹底する人であったという。

熊木九兵衛肖像写真（熊木貞雄氏所蔵）

熊木九兵衛とその家族（広島昭夫氏所蔵）

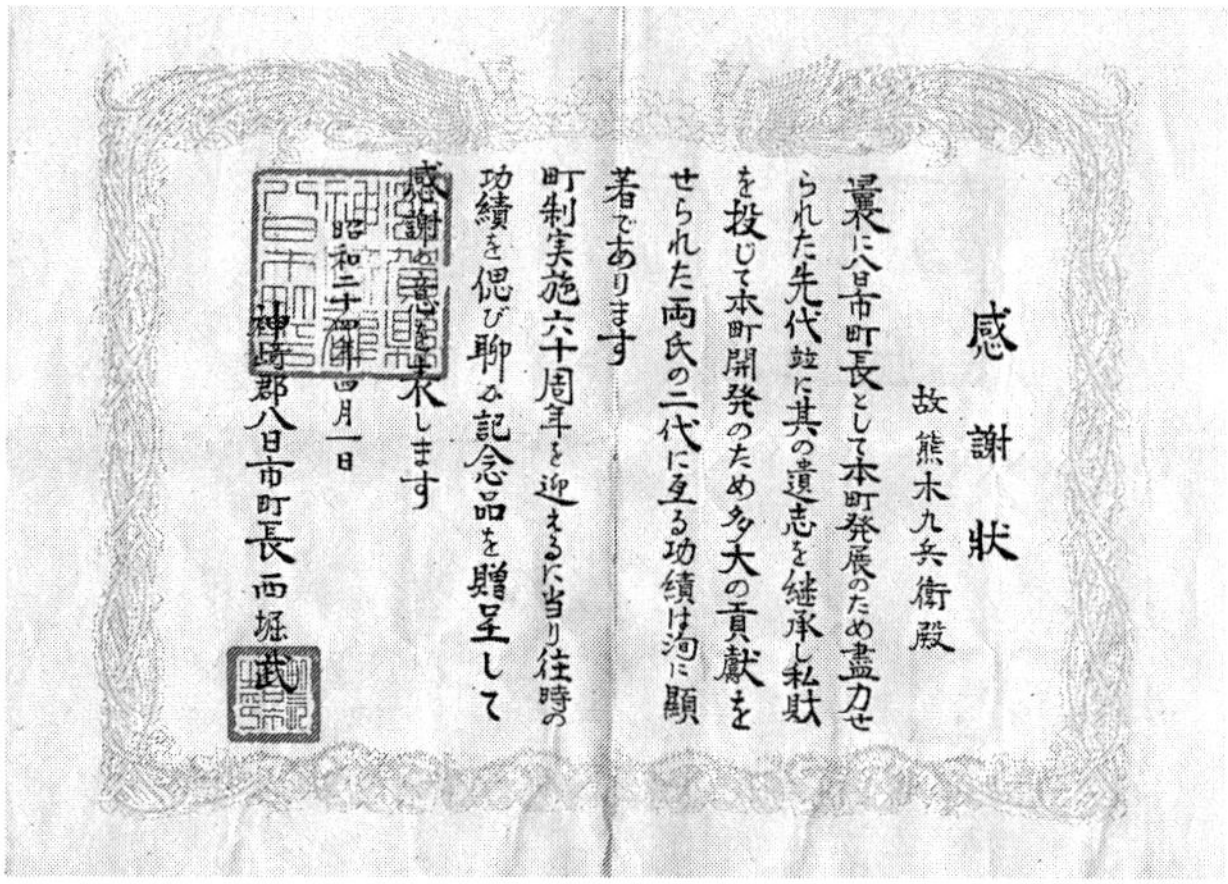

感謝状

故熊木九兵衛殿

曩に八日市町長として本町発展のため盡力せられた先代並に其の遺志を継承し私財を投じて本町開発のため多大の貢献をせられた両氏の二代に亘る功績は洵に顕著であります

町制実施六十周年を迎えるに当り往時の功績を偲び聊か記念品を贈呈して感謝の意を表します

昭和二十四年四月一日

神崎郡八日市町長 西堀武

九兵衛二代に贈られた八日市町長からの感謝状（広島信子氏所蔵）

九兵衛の毎日の洗顔は、最低一時間はかかったという。顔を洗ったり髭を剃ったりするだけではなく、裸になり水手拭《てぬぐい》で全身を拭き最後は足の指先までいちいち丁寧に拭いて、やっと終わりになったのである。

『彦根中学校同窓会名簿』昭和一〇年版をみると、九兵衛は名前を「忠司」に改めている。このころの彼の職業は「松永フォード自動車販売店勤務」である。

かつて飛行機で培った機械への知識が、どこかで生かされる仕事であったのかも知れない。

太平洋戦争末期の昭和一九年（一九四四）四月一五日、九兵衛は脳溢血《のういっけつ》のため死去した。五五歳であった。

九兵衛が松永フォード自動車販売店で働くことになったのは、「旧知の坂本寿一の紹介ではないか（大久保治男『熊木家の歴史』）」とされている。坂本寿一は八日市飛行場で中国青年の飛行訓練に携わるなど、九兵衛との接点は大いにある。坂本自身もフォード自動車社員として働いた時期がある。前掲書の指摘は「事実」としてもよいと思う。

思えば、波乱に富んだ九兵衛の生涯であった。新しい飛行機の出現のために、あるいは荻田常三郎という男との出会いのために、大きく変わってしまった人生。悪夢を見たというべきか、あるいはそれが男子の本懐であったというべきなのか。

このことは、飛行機のために生命を失った荻田常三郎についてと同様、あるいはチャールズ・

ナイルスやフランク・チャンピオンについてと同様、外の人間にとやかくいう資格はいっさいない。

昭和二四年(一九四九)四月一日、八日市町では町制実施六〇周年の式典が持たれた。このとき、八日市町長西堀武《にしぼりたけし》の名前で、二代にわたる熊木九兵衛の功績を称えた感謝状を送っている。
「本町発展のため尽力せられた先代、並びに其の遺志を継承し私財を投じて本町開発のため多大の貢献をせられた両氏の二代に亘《わた》る功績は洵《まこと》に顕著であります」という文面である。だれの発議であったかは知らないが、先代の九兵衛はともかく亀之助の九兵衛も町政功労者に加えられたことについて、彼自身は少々照れ臭がっていたかも知れない。

九兵衛は、飛行機が好きなだけなのであった。もし目標を持っていたとしたら、それは日本の民間航空界になにか名を残すような仕事がしたいということではなかったのか。彼が町の発展という狭い分野で飛行機や飛行場問題に取り組んでいただけなのなら、資産すべてを使い果たすところまでには至らなかったであろう。

しかし、荻田亡きあと第二翦風号を修復し、チャールズ・ナイルスやフランク・チャンピオンなど世界一流の民間飛行家を八日市に連れてきたことが、結果として陸軍航空第三大隊の誘致につながっていく。

単に「八日市町功労者」というより、彼は「大正ロマン」「大正モダニズム」の体現者であったといいたい。
八日市の歴史の上で荻田常三郎のことは忘れてはならないが、熊木九兵衛のように縁の下の力持ち的な生き方をした人間のことも忘れてはならない。また、当時の横畑耕夫町長や町議会議員の猛烈な粘りにも現代の私たちが見習うべき事柄はたくさんある。

話は遡るが、大正一二年（一九二三）、八日市町に延命公園整備の話が持ち上がり、このとき飛行場開拓者荻田常三郎らの碑を建てるべく建碑委員会が町に設置された。当初はナイルスやチャンピオンらも含めた記念碑が考えられていたが、けっきょく荻田常三郎のみの顕彰碑とすることになった。これは大正一五年一〇月、延命公園の一隅に建設された。
大正一四年一二月二〇日の大阪朝日新聞に、航空隊誘致後の八日市の模様がつぎのように紹介されている。

飛行連隊の設置によって、その名を可なり広く知られるに至った八日市町は、いはば新興の町で今日このごろの不景気風も知らぬ顔にドシドシ新しい家が建てられ、随所にはつらつとした活気が溢れている。そして、どこを探しても貸し家札を貼られた家は一軒もな

延命公園に建立された荻田常三郎顕彰碑

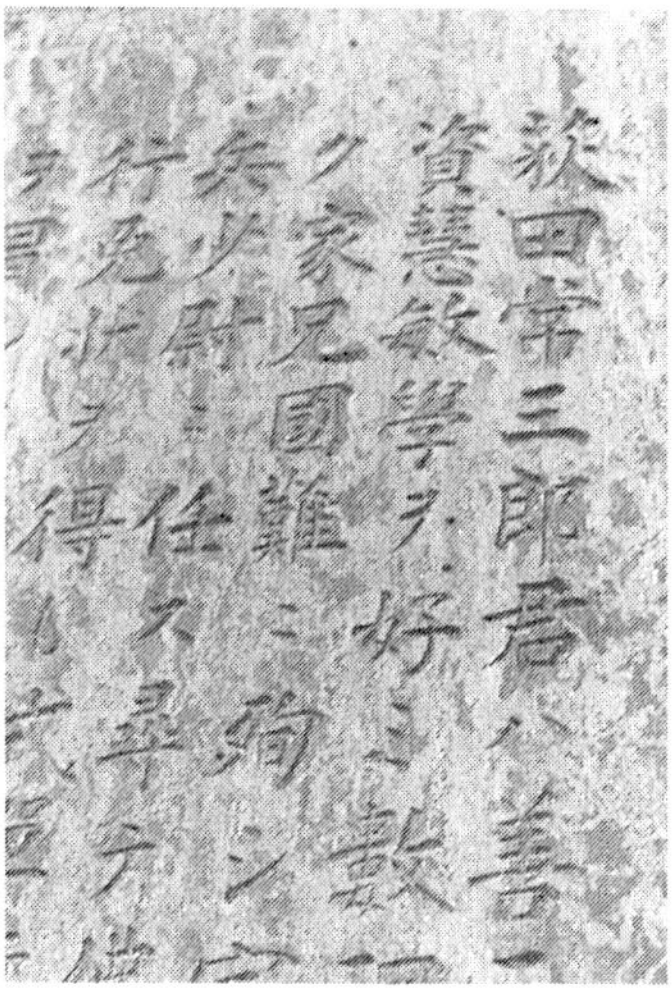

長岡外史の書になる碑文の一部

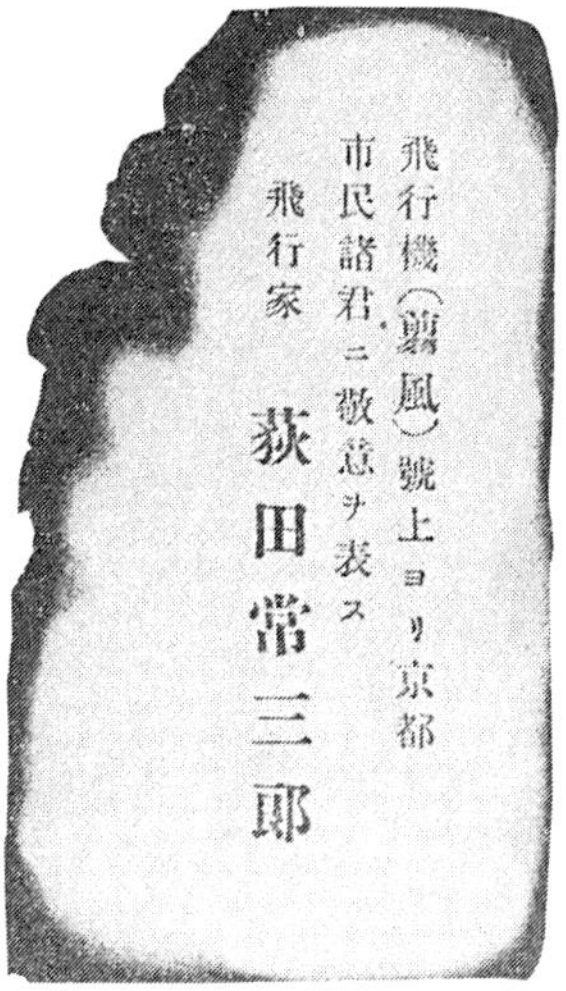

大正４年１月３日、墜落炎上した翦風号
に残されていたチラシ（『歴史写真』より）

い。それくらい素晴らしい膨れ方をしているが、共食いの消費都市の常で物価の高いことは恐らく県下第一の定評がある。このごろ町民もこれを自覚するやうになり、諸物価の公正と産業振興の大旗を掲げて実業大連合会を組織するに至ったことは、何より喜ばしい。
町民一致して、町を愛せよ、敬せよ、強く育てよ。

しかし、周知のようにその後の太平洋戦争の勃発と激化は、飛行場の町八日市の様相を大きく変えていった。
自慢の飛行場も軍機密が厳しくなり、町民とは無縁の存在となった。陸軍八日市飛行場から神風特攻隊基地へ飛び立つ若い航空兵が増え、戦争末期には飛行場は米軍機の空襲の対象にもなった。

敗戦。

そして、敗戦から数十年たったいま、沖野ケ原には新しい家や商店・工場が建ち並び、八日市市の南部地区として新しい発展の道を歩んでいる。
しかし、住民のなかにはそこがもとは飛行場であったということさえ知らない人も少なくない。それも時の流れであるといってしまえば仕方のないことであるが。

耳を澄ませば、いまも沖野ケ原の空から、翦風号のあるいは第二翦風号の発動機の響きがひそかに聞こえてくるような気がする。

また、目をつむって佇めば、翦風号・第二翦風号を見んものと沖野ケ原に詰めかけた大群衆の熱気が肌に感じられるように思われる。

翦風号が空を飛んだ日、それは私たちの町がおおきな夢を見、未来への期待とそして未知のものへの不安に打ち震えた日でもあった。

あとがき

「草の根県民史」企画編集委員会編『近江を築いた人びと　下　―草の根群像―』（滋賀県教育委員会事務局文化振興課発行、一九九二年）収録の「熊木九兵衛」の項を私が書くことになったのは、平成三年（一九九一）三月のことである。

与えられたスペースはわずかに原稿用紙五枚で、既存の資料で十分まとめられるとは思ったが、なにか一つくらい新味が出したいので、身近なところから熊木九兵衛に関する聞き取り調査をはじめてみた。

八日市市の広島信子さん、東つるさん、山田平治さん、そして大阪府の熊木貞雄さんなどである。「もう一〇年か二〇年くらい前だったら、九兵衛さんのことを覚えている人がもっとたくさんあったのに」といわれながらも、これまでに聞いていない熊木九兵衛の話が私のメモ帳のなかにすこしずつ増えていった。

『草の根県民史』だけでは、それはとても使いきれない。かといって、せっかく聞いた話をただのメモで眠らせてしまうのも惜しい。

八日市飛行場については、先輩の福原進さんが八日市郷土文化研究会機関誌『蒲生野』（一三号～二四号）で、すでにりっぱな沿革史を発表しておられる。いまさら同じ仕事をしても福原さんの業績には追いつけそうにないが、視点を変えて熊木九兵衛を軸にした八日市飛行場草創期の歴史を綴ることはあるいは可能かも知れない、と思った。五月のことであった。

以来、日曜祝日などで仕事のないときにはほとんど自宅や八日市市立図書館での資料調べに費やした。県立図書館から大正初年の新聞のマイクロフィルムを借り、八日市飛行場に関する当時の新聞記事を収集した。

また、清水ていさんのご好意で、そのころ町議会議員をしておられた清水元治郎さんの貴重な「日記」を見せていただき、飛行場に関するさまざまな記録を集めた。

航空界の歴史に詳しい作家の平木国夫先生からも懇切なるご指導を得るとともに、『日本航空史』という本の存在を教えていただいた。同書のお陰で、もともと航空史には何ひとつ関心のなかった私も、飛行機が日本にきたころの事情についてどうにか最低限度の知識を持つことができた。同書はまた、ともすれば断片的になりがちな新聞や日記に基づく資料を、一つの流れにまとめていく上で役にたった。

こうして、聞き取り調査と、新聞記事・「清水日記」・『日本航空史』を柱に、私は原稿をまとめていった。

弁解になるが、資料というものは「有名人」に関しては多く残り、いっぽう九兵衛のような一地方人についてはどうしても残りかたが少ない。

本の題名は、当初『熊木九兵衛と八日市飛行場』を予定していたが、そのようなことですべての原稿がおわった段階で、現在の『翦風号が空を飛んだ日』に変更した。

幾つかの新事実も得られた。吉田希夫さん（近江八幡市）のご好意でナイルスと重森きりの写真をお借りできたし、『THE OMI MUSTARD-SEED（近江の芥種）』により、ナイルスの人間像を紹介することもできた。

木村好恵さんから横畑耕夫町長の出身地などを聞けたのもうれしかった。めずらしい横畑町長の写真もいただけた。

高知市観光課の長野洋一さんには、わざわざフランク・チャンピオン記念碑の写真を撮影して送っていただいた。

その外にも、いろいろな機関、いろいろな人のお世話になった。巻末にお名前を列記させていただいたが、漏れもあるかも知れない。そのときには、お詫びを申し上げなければならない。

秦荘町島川（現、愛荘町島川）の荻田フサ子さんをお訪ねした。荻田常三郎の妻、あいの姪にあたり、荻田家に嫁いでこられた方である。フサ子さんはこう話しておられた。

「ずっと以前は、よく荻田常三郎の記念祭など催していただきましたが、この前の戦争中にそういうことがなくなりました。民間飛行家など国家の役に立たない、というのが戦時中の考え方だったのでしょうね。最近、また荻田のことを尋ねてくださる人が増えてきました。」「翦風号のエンジンや、半分焼けた荻田常三郎のチョッキなど昔はうちにあったのですよ。けれど、先の話のように、あまりみんなが荻田のことを大切にしなくなったころ失われてしまって」。

京都市東山の大谷墓地を訪ね、荻田常三郎の墓碑に詣でたこともある。場所は大谷本廟《ほんびょう》北門真向かいの参道沿いにあり、たいへん分かりやすい。高さ二・二メートル、六角形の石塔の正面には「願入院釈超流」の法名が、他の五面に彼の業績などが彫られている。近くの花屋で花を買い求め、ほとんど訪れる人もないであろう荻田常三郎の墓前にそれを捧げた。

荻田常三郎が墜死した深草練兵場跡。「師団街道」の道路標識が、わずかに陸軍歩兵第一六師団の名残をとどめているのみで、大学の校舎や住宅が立ち並び、かつての広大な練兵場の面影はどこにも見当たらない。

一〇月一三日には金屋三丁目の金念寺《こんねんじ》にある熊木家のお墓に詣でた。冷たい秋雨が降っていた。

墓碑に彫られた「浄雲院忠誉司道居士」「紫光院静誉貞詳大姉」が九兵衛・志津夫妻の戒名である。「浄雲院」というのは、大空に憧れた九兵衛にほんとうにふさわしい戒名であると思った。

一九九二年一月

中島伸男

増補版あとがき

本書のもととなった原稿は、平成四年（一九九二）、第七回ノンフィクション朝日ジャーナル大賞部門賞に入選したものである。『朝日ジャーナル』編集部から「出版の是非を検討している」との連絡があり、淡い期待を抱いたこともあった。が、結局それは実現せず、友人に「安価で本にしてくれる印刷所」を紹介してもらい、どうにか「本」に仕立てることはできた。書店では販売しない私家版だったので、ほとんど世間に認知されないまま三十余年が過ぎた。

今回、サンライズ出版からの勧めもあり、もとの『翦風号が空を飛んだ日』に新しい知見を加え、増補版として再度世に送り出すことになった。新たな一章分として加えた第八章は、先にサンライズ出版から刊行していた『陸軍八日市飛行場』のこぼれ話といえる内容なので、本書の続編でもある同書もあわせてお読みいただければ幸いである。翦風号（あるいは第二翦風号）をめぐり、小さな町が大きな夢を抱いたさまざまな動きを、令和の時代に再びアピールできることがうれしい。

私家版『翦風号が空を飛んだ日』

最初の執筆時にお世話になった方の多くがすでに故人となられた。吉田希夫さん所蔵写真については、ご子息の与志也《よしや》さんに改めて掲載を承諾いただくとともに、与志也さんが祖父にあたる吉田悦蔵とウィリアム・メレル・ヴォーリズらの明治後期から大正にかけての活動をまとめられた『信仰と建築の冒険』(サンライズ出版)に、この二人と飛行家チャールズ・ナイルスが並んでいる写真が掲載されていたので、本書にも使うことができた。感謝申し上げる。

私は、昨年十二月、満九〇歳という大台にのった。

当然のことながら、体力・知力ともども不具合を抱えている。ただ、「知りたい」「調べたい」という好奇心だけは、どうにか維持している。それがこの増補版の出版につながった。

サンライズ出版編集部の岸田幸治さんには、本書の再編集作業をはじめ、追加の写真収集や図の作成について助言・助力をいただき、大変お世話になった。心からお礼を申し上げたい。

老妻・末子も、私の性癖を理解し、今回の出版を支持してくれた。

増補版『翦風号が空を飛んだ日』が、いままさに飛び立とうとしている。その行方をしばし見守ることができたら、それこそ望外の幸せである。

令和七年(二〇二五)二月

中島伸男

関連年表

年号（西暦）	出来事
明治18（1885）	4／23 荻田常三郎生まれる。
明治21（1888）	1／27 熊木亀之助（のち九兵衛）生まれる。
明治36（1903）	12／17 ライト兄弟がキティーホークで動力付き飛行機による世界最初の飛行に成功する。
明治37（1904）	12 日露戦争起こる（明治38年に終わる）。 5 横畑耕夫、八日市警察署長として赴任。
明治38（1905）	12 荻田常三郎、大津歩兵第九聯隊に入隊。
明治40（1907）	13 熊木亀之助、県立第一中学校を卒業。
明治43（1910）	14／8 先代熊木九兵衛死去。16日に亀之助が九兵衛を襲名。
	12／14 日野大尉がわが国での初飛行に成功する。
明治44（1911）	5／9 横畑耕夫、第9代八日市町長に就任。
大正2（1913）	帝国飛行協会が設立される。
	5／4 武石浩玻、わが国民間飛行界最初の犠牲者となる。
	9／28 荻田常三郎、飛行術習得のためフランスに渡る。
大正3（1914）	15／18 荻田常三郎、リゼーをともない帰国。
	6／13～14 鳴尾競馬場で第1回民間飛行大会が開催され、荻田常三郎は飛行高度の部で第1位となる。
	7 第一次世界大戦がはじまり、戦線に航空機が登場する。
	8 第一次世界大戦に日本も参戦し、ドイツに宣戦布告。

	9／12 荻田常三郎、深草練兵場で強風の中を飛行し、伏見宮より愛機に翦風号の名を賜る。
	10／6 荻田常三郎が沖野ケ原を実地踏査。
	10／22 八日市町沖野ケ原で荻田常三郎の郷里訪問飛行が行われる。この日の慰労会で沖野ケ原をわが国最初の民間飛行場として整備することが決まり、熊木九兵衛が幹事となる。
	11 翦風飛行学校設立既成同盟会が発足する。
	12／20 翦風飛行学校設立既成同盟会開催。飛行場建設を帝国飛行協会に委ねる方針が決まる。
	12／25 荻田常三郎、帝国飛行協会を訪ね、大阪・東京間連絡飛行計画への協力を求める。
大正4（1915）	11／3 深草練兵場で荻田常三郎操縦、大橋繁治助手同乗の翦風号が墜落し、両名とも即死。荻田29歳、大橋19歳。
	1／7 帝国飛行協会による沖野ケ原の視察が行われる。
	4／1 第二翦風号修復起工式。
	4／19 八日市飛行場地鎮祭。わが国最初の民間飛行場としての整備がはじまる。
	6 八日市飛行場期成同盟会が設立される。
	7／23 第二翦風号に発動機が取り付けられる。10／14 わが国陸軍が航空大隊の編成を発令。12／20 八日市飛行場で小畑常次郎のモ式複葉機初飛行。
大正5（1916）	1／29 チャールズ・ナイルスが来町し、八日市飛行場で第二翦風号の試乗を行う。
	1／30 ナイルス、第二翦風号で飛行。1／31 ナイルス、岩名助手を同乗し飛行高度記録を更新。
	2／5 中沢家康、八日市飛行場で小畑常次郎所有のモ式飛行機で飛行を行う。

2/23 ナイルス、八日市飛行場で曲芸飛行を披露。八幡町の医師夫人、中島こうを乗せて飛行する。

3/15 ナイルス、朝日新聞社松本カメラマンを乗せ、宙返り写真撮影を行う。この日、重森きりを乗せ、わが国最初の女性同乗宙返り飛行を行う。

5/2 八日市飛行場で中国人留学生による飛行訓練が開始される。中国空軍の誕生。

5/29 町議会で陸軍飛行場誘致について協議。

6/16 岐阜県各務原飛行場開設式。

6/25 チャールズ・ナイルス、アメリカ・オシコシ市での航空ショーで墜落事故。翌日死亡する。28歳。

6/26 中国本土の情勢変化により、八日市飛行場で訓練中の中国人留学生が帰国。坂本寿一とともに、熊木九兵衛も第二翦風号を携え、中国山東省に渡る。

9/6 町議会が陸軍省に飛行場の採納願提出の件で協議。

10/17 野島銀蔵、八日市飛行場で飛行会を行う。同時に飛行学校の設立を計画。

12/14 荻田常三郎三周忌この日、熊木九兵衛は第二翦風号所有権を巡る裁判に出廷。

大正6（1917）

2/6 フランク・チャンピオン、八日市飛行場で第二翦風号に試乗。5/10 アート・スミス、八日市飛行場で第二翦風号に試乗。5/11 フランク・チャンピオン、来町。熊木九兵衛を乗せ近隣飛行を行い、石山上空より清水元治郎らを訪問する。

6/3 チャンピオン、大阪・東京間無着陸飛行を試み、失敗。10/30 チャンピオン、高知市での飛行会で墜落死。32歳。第二翦風号も破壊される。

11/14〜16 陸軍特別大演習会が滋賀県湖東地方で行われ、八日市飛行場が飛行機の臨時離着陸場となる。

大正7（1918）	このころ、八日市町では陸軍航空第三大隊の誘致運動を強化。
	5／2「沖野ケ原に第三航空大隊新設」の内議があり、町議会で協議。議会内に誘致のための委員会を設置する。
	6／8 委員会で寄付金募集につき協議。8／24 滋賀県知事森正隆が「飛行場設立経過」を公表。11 第一次世界大戦終結。
大正8（1919）	6 飛行場用地の保存登記手続き開始。このころ、熊木九兵衛、家財を処分し単身上京する。
大正9（1920）	3 飛行場用地の保存登記完了。6／1 滋賀県主催により陸軍第三航空隊地鎮祭が挙行される。
大正10（1921）	1／7 各務原で編成された第三航空大隊が八日市に移駐。
大正11（1922）	1／11 航空第三大隊の開隊式が行われる。4／3 八日市町功労者表彰式が行われ、横畑耕夫・熊木九兵衛らが表彰される。
大正15（1926）	10 延命公園に荻田常三郎の顕彰碑を建設。
昭和2（1927）	6／3 横畑耕夫町長、辞任。
昭和12（1937）	日中戦争はじまる。
昭和16（1941）	12／8 第二次世界大戦はじまる。
昭和19（1944）	4／15 熊木九兵衛死去。55歳。
昭和20（1945）	8／15 第二次世界大戦終結。八日市飛行場廃止される。
昭和24（1949）	4／1 八日市町町制実施60周年記念式典が挙行され二代にわたる熊木九兵衛の功績にたいして感謝状が贈られる。

参考文献

新聞関係
大阪朝日新聞京都附録
時事新報
大阪新報
平木国夫「近江のイカロスたち―しが民間航空史―」（中日新聞滋賀版連載、一九八六年～一九八八年）

図書
歴史写真会『歴史写真』（大正之巻）
東京国民タイムス社『写真時報』
ウィリアム・メレル・ヴォーリズ『近江の芥種』
福原進「八日市飛行場沿革史」（八日市郷土文化研究会『蒲生野』）
『工業之大日本　第八巻第一〇号』工業之大日本社（一九一一年）
『飛行少年　第一巻第八号』日本飛行研究会（一九一五年）
『写真通信　教育資料　二六号・三〇号』大正通信社（一九一六年）
『故フランクチャンピオン氏追悼記念写真帖』高知新聞社ほか（一九一七年）
布施整亮『現代滋賀県人物史　乾巻』暲竜社（一九一九年）
『飛行　第三巻第四号』帝国飛行協会雑誌発行所（一九二二年）
奥井仙蔵『八日市と飛行場』八日市飛行通信社（一九二二年）
沖野岩三郎編『吉田悦蔵文集』近江兄弟社（一九四四年）

聖徳中学校郷土研究会編『近代八日市町史の研究』（一九五一年）
財団法人日本航空協会編『日本航空史　明治大正編』（一九五六年）
秋田実『日本陸軍航空隊　写真集』出版協同社（一九六一年）
『日興電機三十年史』日興電機工業（一九六三年）
渋谷敦『飛行機60年』図書出版社（一九七二年）
航空情報編集部編『太平洋戦争日本陸軍機　二版』酣燈社（一九七四年）
「角川日本地名大辞典」編纂委員会編『角川日本地名大辞典25 滋賀県』角川書店（一九七九年）
渡辺守順『滋賀県選択無形民俗資料　八日市大凧調査報告書』八日市大凧保存会（一九七九年）
高知市教育委員会編『高知市の文化財と旧跡』（一九八〇年）
日本放送協会編『飛行機』日本放送出版協会（一九八〇年）
『写真集　日本の航空史（上）』朝日新聞社（一九八三年）
佐和隆研ほか編『京都大事典』淡交社（一九八四年）
三善貞司編『大阪史蹟辞典』清文堂（一九八六年）
各務原市教育委員会編『各務原市史　通史編　近世・近代・現代』（一九八七年）
関西地方電気事業百年史編纂委員会編『関西地方電気事業百年史』関西電力株式会社（一九八七年）
八日市市史編さん委員会編『八日市市史　第四巻　近現代』八日市市役所（一九八七年）
吉田与志也『信仰と建築の冒険　ヴォーリズと共鳴者たちの軌跡』サンライズ出版（二〇一九年）
大久保治男『熊木家の歴史』（二〇二三年）

記録
清水元治郎「日記」

お世話になった方々（五〇音順・敬称略）

朝日新聞社大阪事業開発室
大阪市教育委員会
大津地方裁判所
願正寺
京都市市民局市民部
京都地方裁判所
公益財団法人近江兄弟社
高知市観光課
高知市教育委員会
滋賀県情報統計室
島津製作所
浄土真宗本願寺派宗務所
西宮市市長室
浜松市教育委員会
彦根東高等学校
防衛庁防衛研究所戦史部
大阪府立中之島図書館
八日市市立図書館
八日市市教育委員会

東つる
上松萬瑛
大西しず子
岡井義明
荻田フサ子
奥村宇能
木村好恵
熊木貞雄
坂本朝美
重森三良
柴田つる
清水てい
島田敏
寺村銀一郎
富永賢治
平木国夫
広島昭夫
広島信子
福原進
藤沢伊三郎
真山昭三
村田洵一
村田淳子
山岡静枝
山田平治
吉田希夫
吉田与志也

■著者略歴

中島伸男（なかじま・のぶお）

昭和９年（1934）生まれ。野々宮神社宮司。
滋賀県立八日市高等学校卒業後、日本電信電話公社、八日市市役所に勤務（八日市市史編さん室長）。
著書に『鈴鹿霊仙山の伝説と歴史』（私家版　1989年）、『翦風号が空を飛んだ日』（私家版　1992年）、『近江鈴鹿の鉱山の歴史』（サンライズ出版　2006年）、『陸軍八日市飛行場――戦後70年の証言』（サンライズ出版　2015年）『惟喬親王伝説を旅する』（サンライズ出版　2020年　神道文化賞受賞）がある。

翦風号《せんぷうごう》が空を飛んだ日　増補版　―陸軍八日市《ようかいち》飛行場前史―

2025年３月５日　初版第１刷発行　N.D.C.216

著　者　中島　伸男
発行者　岩根　順子
発行所　サンライズ出版株式会社
〒522-0004 滋賀県彦根市鳥居本町655-1
電話 0749-22-0627

ISBN978-4-88325-842-0　Printed in Japan　定価はカバーに表示しています。